"十三五"国家重点出版物出版规划项目

现代机械工程系列精品教材

工业机器人技术

主　编　朱洪前

副主编　周国雄　宋海鹰　陈白帆

参　编　高自成　王振力　李列文

机械工业出版社

工业机器人相比于传统的机电产品，具有更好的环境适应性和智能，其涉及大量最新的机械与自动化知识。本书注重基础，内容深度控制在机械类学生能够接受的范围，既力求通俗易懂又不失先进性和前沿性。本书的内容十分广泛，包括工业机器人设计、开发、使用、维护所涉及的运动学、动力学、机械系统、动力系统、感知系统、控制系统、通信及编程。

本书可作为机械工程、林业工程、矿业工程、农业工程等机械类、近机械类专业的教材。

图书在版编目（CIP）数据

工业机器人技术/朱洪前主编. —北京：机械工业出版社，2019.6
（2023.1 重印）

"十三五"国家重点出版物出版规划项目　现代机械工程系列精品教材
ISBN 978-7-111-62449-3

Ⅰ.①工…　Ⅱ.①朱…　Ⅲ.①工业机器人-高等学校-教材
Ⅳ.①TP242.2

中国版本图书馆 CIP 数据核字（2019）第 065858 号

机械工业出版社（北京市百万庄大街 22 号　邮政编码 100037）
策划编辑：余　皞　责任编辑：余　皞　安桂芳　任正一
责任校对：张　薇　封面设计：张　静
责任印制：张　博
三河市骏杰印刷有限公司印刷
2023 年 1 月第 1 版第 5 次印刷
184mm×260mm · 12.25 印张 · 301 千字
标准书号：ISBN 978-7-111-62449-3
定价：32.80 元

电话服务　　　　　　　　　网络服务
客服电话：010-88361066　　机 工 官 网：www.cmpbook.com
　　　　　010-88379833　　机 工 官 博：weibo.com/cmp1952
　　　　　010-68326294　　金 书 网：www.golden-book.com
封底无防伪标均为盗版　机工教育服务网：www.cmpedu.com

前　言

随着人工智能、机器视觉等关键技术的高速发展，工业机器人技术的应用领域正在迅速扩大。各地政府都在努力发展机器人产业，机械、林业、矿业、农业等部门和相关企业也在加速推广应用机器人技术。近年来，在工业4.0及"中国制造2025"政策的引导下，我国机器人产业整体市场规模持续扩大。2013—2018年，国内产业的平均增长率达到29.7%，增速保持全球第一。2017年，我国机器人产业整体市场规模超过1200亿元。工业机器人应用场景已从生产线、车间拓展到仓储和物流，应用领域已从汽车、电子等产业扩展到新能源、新材料等产业；服务机器人应用场景扩展更加迅速，已服务于家庭、学校、商场、银行、酒店、医院等多种场所，并进入日常生活的诸多领域。

工业机器人的应用领域和科学技术都在飞速进步，因此教育要迎接巨大的挑战。一方面，高校要大力加强工业机器人发展所需要的多学科和跨学科教育，培养更多机械、自动化、通信、液压等相结合的复合型人才；另一方面，劳动者也要能够终身学习、自主学习，主动适应机器人时代对劳动者提出的新要求，不断完善和丰富自己的知识结构体系。针对机械工程、林业工程、矿业工程、农业工程等机械类、近机械类专业对工业机器人人才培养的要求，本书选择了工业机器人相关各学科最基本的、最重要的知识，组合成一个整体，进行了全面的介绍。

全书共分八章，各章编写分工如下：第1章由长沙师范学院李列文副教授编写，第2章由中南林业科技大学周国雄副教授编写，第3章由中南林业科技大学高自成副教授编写，第4章由中南林业科技大学朱洪前副教授和广东技术师范大学宋海鹰副教授共同编写，第5章由中南大学陈白帆副教授编写，第6章由朱洪前和周国雄共同编写，第7章由哈尔滨华德学院王振力副教授编写，第8章由宋海鹰编写。全书由朱洪前统稿。

感谢中南林业科技大学伍希志博士、湖南傲派自动化设备有限公司李平工程师，他们为本书的编写提供了帮助。感谢中南林业科技大学汪洋、杨云杰、鲁月、陈安琪、陈子云、徐永鸿、罗祺、蒋鑫、肖鹏同学，苏州大学高天天同学，他们为本书的编写提供了素材。感谢中南林业科技大学李科军博士，他为本书的编写提出了宝贵的意见。

全书参考教学学时数为32~60，各学校可以根据教学大纲要求进行取舍和调整。各章节的参考教学学时如下：第1章2学时，第2章8~12学时，第3章4~6学时，第4章4~8学时，第5章4~8学时，第6章2~6学时，第7章4~8学时，第8章4~10学时。

本书有配套的电子课件，可在机械工业出版社教育服务网注册后下载。各位读者如发现书中错误或不足之处需要与编者探讨，或者需要索取相关教学资料，都可以与编者联系，编者邮箱553750207@qq.com。

编　者

目　　录

第 1 章

Chapter

工业机器人概论

工业机器人被誉为"制造业皇冠顶端的明珠"，是衡量一个国家创新能力和产业竞争力的重要标志，已成为全球新一轮科技和产业革命的重要切入点。工业机器人技术涉及运动学、动力学、机械系统、动力系统、感知系统、控制系统、通信、编程等方方面面。本章对工业机器人进行了概要的介绍，内容包括工业机器人的定义及发展、工业机器人的基本组成及技术参数、工业机器人的分类及应用。

1.1 工业机器人的定义及发展

1.1.1 工业机器人的定义

工业机器人作为 20 世纪人类最伟大的发明之一，自 20 世纪 60 年代初问世以来，经历 50 多年的发展已取得长足的进步。工业机器人的出现是社会和经济发展的必然，它的高速发展提高了社会的生产水平和人类的生活质量。

"机器人"一词最早出现于 1920 年捷克作家卡雷尔·查培克（Karel Capek）的剧本《罗萨姆的万能机器人》，捷克语的 Robota 意为"苦力""劳役"，是一种人造劳动者，英语的 Robot 由此衍生出来。

工业机器人是面向工业领域的多关节机械手或多自由度的机器人。它是自动执行工作的机械装置，是靠自身动力和控制能力来实现各种功能的一种机器。工业机器人是机器人家族中的重要一员，也是目前在技术上发展最成熟、应用最多的一类机器人。世界各国对工业机器人的定义不尽相同，但其内涵基本一致。美国机器人工业协会提出的工业机器人定义为："工业机器人是用来进行搬运材料、零件、工具等可再编程的多功能机械手，或通过不同程序的调用来完成各种工作任务的特种装置。"英国机器人协会、日本机器人协会等也采用了相类似的定义。国际标准化组织（ISO）曾于 1987 年对工业机器人给出了定义："工业机器人是一种具有自动控制的操作和移动功能，能够完成各种作业的可编程操作机。"ISO 8373

对工业机器人给出了更具体的解释："机器人具备自动控制及可再编程、多用途功能，机器人操作机具有三个或三个以上的可编程轴，在工业自动化应用中，机器人的底座可固定也可移动"。

机器人学是近60年来发展起来的综合性学科，它综合了机械学、电子学、计算机学、自动控制工程、人工智能、仿生学等多个学科的最新研究成果，代表了机电一体化的最高成就，是当今世界科学技术发展最活跃的领域之一。走向成熟的工业机器人以及各种用途的特种机器人的实用化，昭示着机器人技术灿烂的明天。

1.1.2　工业机器人的发展

现代工业机器人的发展开始于20世纪中期，依托计算机、自动化以及原子能的快速发展。为了满足大批量产品制造的迫切需求，并伴随着相关自动化技术的发展，数控机床于1952年诞生，同时数控机床的控制系统、伺服电动机、减速器等关键零部件为工业机器人的开发打下了坚实的基础；同时，在原子能等核辐射环境下的作业，迫切需要特殊环境作业机械臂代替人进行放射性物质的操作与处理。基于此种需求，1947年美国阿尔贡研究所研发了遥操作机械手，1948年接着研制了机械式的主从机械手。1954年，美国的戴沃尔对工业机器人的概念进行了定义，并进行了专利申请。1962年，美国的AMF公司推出的"UNI-MATE"，是工业机器人较早的实用机型，其控制方式与数控机床类似，但在外形上由类似于人的手和臂组成。1965年，一种具有视觉传感器并能对简单积木进行识别、定位的机器人系统在美国麻省理工学院研制完成。1967年，机械手研究协会在日本成立，并召开了首届日本机器人学术会议。1970年，第一届国际工业机器人学术会议在美国举行，促进了机器人相关研究的发展。1970年以后，工业机器人的研究得到了广泛、较快的发展。1967年，日本川崎重工业公司首先从美国引进机器人及技术，建立生产厂房，并于1968年试制出第一台日本产通用机械手机器人。经过短暂的摇篮阶段，日本的工业机器人很快进入实用阶段，并由汽车业逐步扩大到制造业等其他领域。1980年被称为日本的"机器人普及元年"，日本开始在各个领域推广使用机器人，这大大缓解了市场劳动力严重短缺的社会矛盾。1980—1990年，日本的工业机器人处于鼎盛时期。20世纪90年代，装配与物流搬运的工业机器人开始应用。自从20世纪60年代以来，工业机器人在工业发达国家越来越多的领域得到了应用，尤其是在汽车生产线上得到了广泛应用，并在制造业中，如毛坯制造（冲压、压铸、锻造等）、机械加工、焊接、热处理、表面涂覆、打磨抛光、上下料、装配、检测及仓库堆垛等作业中得到应用，提高了加工效率与产品的一致性。作为先进制造业中典型的机电一体化数字化装备，工业机器人已经成为衡量一个国家制造业水平和科技水平的重要标志。

1.2　工业机器人的基本组成及技术参数

1.2.1　工业机器人的基本组成

工业机器人系统是由机器人和作业对象及环境共同构成的，其中包括工业机器人驱动系统、机械系统、感知系统和控制系统四大部分，它们之间的关系如图1-1所示。

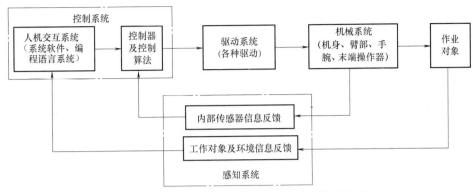

图 1-1　工业机器人系统组成及各部分之间的关系

1. 驱动系统

要使工业机器人运行起来，就需给各个关节即每个运动自由度安置传动装置，这就是驱动系统。驱动系统可以是液压驱动、气动驱动、电动驱动，或者是把它们结合起来应用的综合系统，可直接驱动或者通过同步带、链条、轮系、谐波齿轮等机械传动机构进行间接驱动。

电气驱动系统在工业机器人中应用得较普遍，可分为步进电动机、直流伺服电动机和交流伺服电动机三种驱动形式。早期多采用步进电动机驱动，后来发展了直流伺服电动机，现在交流伺服电动机驱动也逐渐得到应用。上述驱动单元有的用于直接驱动机构运动，有的通过谐波减速器减速后驱动机构运动，其结构简单紧凑。

液压驱动系统运动平稳，且负载能力大，对于重载搬运和零件加工的工业机器人，采用液压驱动比较合理。但液压驱动存在管道复杂、清洁困难等缺点，因此限制了它在装配作业中的应用。

无论是电气驱动还是液压驱动的机器人，其手爪的开合都采用气动形式。气压驱动机器人结构简单、动作迅速、价格低廉，但由于空气具有可压缩性，其工作速度的稳定性较差。但是，空气的可压缩性可使手爪在抓取或夹紧物体时的顺应性提高，防止受力过大而造成被抓物体或手爪本身的损坏。气压驱动系统的压力一般为 0.7MPa，因而抓取力小，只有几十牛到几百牛。

2. 机械系统

工业机器人的机械结构系统由机身、手臂、末端操作器三大件组成，每一大件都有若干个自由度，构成一个多自由度的机械系统。若机身具备行走机构便构成行走机器人；若机身不具备行走及腰转机构，则构成单机器人臂（Single Robot Arm）。手臂一般由上臂、下臂和手腕组成。末端操作器是直接装在手腕上的一个重要部件，它可以是二手指或多手指的手爪，也可以是喷漆枪、焊具等作业工具。

3. 感知系统

感知系统由内部传感器模块和外部传感器模块组成，分别获取内部和外部环境状态中有意义的信息。其中，内部状态传感器用于检测各关节的位置、速度等变量，为闭环伺服控制系统提供反馈信息；外部状态传感器用于检测机器人与周围环境之间的一些状态变量，如距离、接近程度和接触情况等，用于引导机器人，便于其识别物体并做出相应处理。智能传感器的使用提高了机器人的机动性、适应性和智能化的水准。人类的感受系统对感知外部世界信息是极其灵巧的，然而，对于一些特殊的信息，传感器比人类的感受系统更有效。

4. 控制系统

控制系统的任务是根据机器人的作业指令程序以及从传感器反馈回来的信号来支配机器人的执行机构去完成规定的运动和功能。假如工业机器人不具备信息反馈特征，则为开环控制系统；若具备信息反馈特征，则为闭环控制系统。控制系统主要由计算机硬件和控制软件组成。软件主要由人与机器人进行联系的人机交互系统和控制算法等组成。控制系统根据控制原理可分为程序控制系统、适应性控制系统和人工智能控制系统，其控制运动的形式可分为点位控制和轨迹控制。

由图 1-1 可以看出，工业机器人实际上是一个典型的机电一体化系统，其工作原理为：控制系统发出动作指令，控制驱动系统动作，驱动系统带动机械系统运动，使末端操作器到达空间某一位置和实现某一姿态，实施一定的作业任务。

1.2.2 工业机器人的技术参数

技术参数是各工业机器人制造商在产品供货时所提供的技术数据。尽管各厂商所提供的技术参数项目不完全一样，工业机器人的结构、用途等有所不同，且用户的要求也不同，但是，工业机器人的主要技术参数一般都应有自由度、重复定位精度、工作范围、最大工作速度及承载能力等。

1. 自由度

自由度是指机器人所具有的独立坐标轴运动的数目（不包括手爪的开合自由度）。在三维空间中描述一个物体的位置和姿态需要 6 个自由度。工业机器人的自由度是根据其用途设计的，可能小于 6 个自由度，也可能大于 6 个自由度。

大于 6 个的自由度称为冗余自由度。冗余自由度增加了机器人的灵活性，可方便机器人避开障碍物和改善机器人的动力性能。人类的手臂（大臂、小臂、手腕）共有 7 个自由度，所以工作起来很灵巧，可回避障碍物，并可从不同的方向到达同一个目标位置。

2. 定位精度和重复定位精度

定位精度和重复定位精度是机器人的两个精度指标。定位精度是指机器人手部实际到达位置与目标位置之间的差异。重复定位精度是指机器人重复定位其手部于同一目标位置的能力，可以用标准偏差这个统计量来表示，它是衡量一列误差值的密集度，即重复度。

3. 工作范围

工作范围是指机器人手臂末端或手腕中心能到达的所有点的集合，不包括末端操作器。因为末端操作器的形状和尺寸是多种多样的，为了真实反映机器人的特征参数，所以工作范围是指不安装末端操作器时的工作区域。工作范围的形状和大小是十分重要的，机器人在执行某作业时可能会因为存在手部不能到达的作业死区（dead zone）而不能完成任务。

4. 最大工作速度

最大工作速度是指机器人各个方向的移动速度或转动速度。这些速度可以相同，也可以不同。有的厂家指工业机器人主要自由度上最大的稳定速度，有的厂家指手臂末端最大的合成速度，通常都在技术参数中加以说明。很明显，工作速度越高，工作效率越高。但是，工作速度越高就要花费更多的时间去升速或降速，或者对工业机器人的最大加速率或最大减速率的要求更高。

5. 承载能力

承载能力是指工业机器人在工作范围内的任何位置上所能承受的最大质量。承载能力不仅取决于负载的质量，而且与机器人运行的速度和加速度的大小、方向有关。为了安全起见，承载能力这一技术指标是指高速运行时的承载能力。通常，承载能力不仅指负载，而且包括了工业机器人末端操作器的质量。

典型工业机器人的主要技术参数见表1-1。

表 1-1　典型工业机器人的主要技术参数

项　目		五自由度、立式关节式机器人技术参数
工作空间	腰部转动	300°(最大角速度 120°/s)
	肩部转动	130°(最大角速度 72°/s)
	肘部转动	110°(最大角速度 190°/s)
	腕部俯仰	±90°(最大角速度 100°/s)
	腕部翻转	±180°(最大角速度 163°/s)
臂长	上臂	250mm
	前臂	160mm
承载能力		最大 1.2kg(包括手爪)
最大线速度		1000mm/s(腕表面)
重复定位精度		0.3mm(腕旋转中心)
驱动系统		直流伺服电动机
机器人质量		约 19kg
电动机功耗		J1~J3 轴:30W;J4、J5 轴:11W

1.3　工业机器人的分类及应用

1.3.1　工业机器人的分类

关于工业机器人分类，国际上尚没有制定统一的标准，可以按机械结构、操作机坐标形式、机器人发展历程、应用领域等划分。

1. 按操作机的坐标形式分类

工业机器人的坐标形式有直角坐标型、圆柱坐标型、球坐标型、关节坐标型和平面关节型，如图1-2所示。

按工业机器人的坐标形式，可把工业机器人分为直角坐标型机器人、圆柱坐标型机器人、球坐标型机器人、关节坐标型机器人、SCARA 型机器人五种类型。

（1）直角坐标型机器人　直角坐标型机器人的外形与数控镗铣床和三坐标测量机相似，其三个关节都是移动关节，关节轴线相互垂直，相当于笛卡儿坐标系的轴。作业范围为立方体状的。其优点是刚度好，多做成大型龙门式或框架式结构，位置精度高，运动学求解简单，控制无耦合；但其结构较庞大，动作范围小，灵活性差且占地面积大。因其稳定性好，

直角坐标型　　　　　圆柱坐标型　　　　球坐标型

关节坐标型　　　　　　平面关节型

图 1-2　工业机器人的坐标形式

故适用于负载搬送。

（2）圆柱坐标型机器人　圆柱坐标型机器人具有两个移动关节和一个转动关节，作业范围为圆柱形状的。其优点是位置精度高，运动直观，控制简单，结构简单，占地面积小，价廉，因此应用广泛；但其不能抓取靠近立柱或地面上的物体。

（3）球坐标型机器人　球坐标型机器人具有一个移动关节（1P）和两个转动关节（2R），作业范围为空心球体状的。其优点是结构紧凑，动作灵活，占地面积小；但其结构复杂，定位精度低，运动直观性差。

（4）关节坐标型机器人　关节坐标型机器人主要由回转和旋转自由度构成。它可以看成是仿人手臂的结构，具有肘关节的连杆关节结构，从肘至手臂根部的部分称为上臂，从肘到手腕的部分称为前臂，这种结构对于确定的三维空间上任意位置和姿态是最有效的，对于各种各样的作业都有良好的适应性，但其坐标计算和控制比较复杂。关节坐标型机器人的特点是作业范围大、动作灵活、能抓取靠近机身的物体；运动直观性差，要得到高定位精度较困难。

一般关节型机器人手臂采用回转、旋转的自由度结构。关节型机器人根据其自由度的构成方法，可再进一步分成几类。

1）仿人关节型机器人。仿人关节型机器人是在标准手臂上再加上一个自由度（冗余自由度）。

2）平行四边形连杆关节型机器人。平行四边形连杆关节型机器人的手臂采用平行四边形连杆，并把前臂关节驱动用的电动机装在手臂的根部，可获得更高的运动速度。

（5）SCARA 型机器人　SCARA 型机器人有三个转动关节，其轴线相互平行，可在平面内进行定位和定向。其还有一个移动关节，用于完成手腕在垂直于平面方向上的运动。手腕中心的位置由两个转动关节的角度及移动关节的位移决定，手爪的方向由转动关节的角度决定。SCARA 型机器人的特点是在垂直平面内具有很好的刚度，在水平面内具有较好的柔顺性，且动作灵活、速度快、定位精度高。

2. 按工业机器人研究、开发和实用化的进程分类

（1）第一代工业机器人　第一代工业机器人具有示教再现功能，或具有可编程 NC 装置，但对外部信息不具备反馈能力。

（2）第二代工业机器人　第二代工业机器人不仅具有内部传感器，而且具有外部传感器，能获取外部环境信息。其虽然没有应用人工智能技术，但是能进行机器人-环境交互，具有在线自适应能力。例如，工业机器人可从运动着的传送带上送来的零件中抓取零件并送到加工设备上，因为送来的每一个零件具体位置和姿态是随意的、不同的，要完成上述作业必须获取被抓取零件状态的在线信息。

（3）第三代工业机器人　第三代工业机器人具有多种智能传感器，能感知和领会外部环境信息，包括具有理解像人下达的语言指令这样的能力。其还能进行学习，具有决策上的自治能力。

1.3.2　工业机器人的应用

工业机器人最早应用在汽车制造工业，常用于焊接、喷漆、装配、搬运和上下料。工业机器人延伸了人的手足和大脑功能，它可以代替人从事危险、有害、有毒、低温和高热等恶劣环境中的工作；代替人完成繁重、简单重复的劳动，提高劳动生产率，保证产品质量。工业机器人与数控加工中心、自动搬运小车以及自动检测系统组成的柔性制造系统（FMS）和计算机集成制造系统（CIMS）可以实现生产的自动化。

在工业生产中，使用机器人有很多优点：

1）可以提高产品质量。由于机器人是按一定的程序作业的，避免了人为随机差错。

2）可以提高劳动生产率、降低成本，因为机器人可以不知疲劳地连续工作。

3）改善劳动环境，保证生产安全，减轻甚至避免有害工种（如焊接）对工人身体的侵害，避免危险工种（如冲压）对工人身体的伤害。

4）降低了对工种熟练程度的要求，不再要求每个操作者都是熟练工，从而解决熟练工不足的问题。

5）使生产过程通用化，有利于产品改型，如要换一种产品，只需给机器换一个程序。

目前，工业机器人由于具有作业的高度柔性和可靠性、操作的简便性等特点，满足了工业自动化高速发展的需求，因此被广泛应用于汽车制造、工程机械、机车车辆、电子和电器、计算机和信息以及生物制药等领域。

1. 焊接机器人

焊接作业是机器人的主要用途之一。现在，机器人能轻而易举且经济地完成两类性质的焊接作业，即点焊和弧焊。点焊作业要求机器人学会一系列点。由于要连在一起的金属部件形状可能很不规则，常常要求有一只灵活的机械手腕（图 1-3）。这只手腕使得焊接工具能准确地对准所要求的焊接点，且焊枪不与部件的其他部分

图 1-3　焊接机器人

接触。一般这些机器人所夹持的焊接工具都大而重。通常还要求机械手具有大的活动范围。汽车工业是这类机器人的一个大用户。由于焊点预先示教过，所以判断是否给焊枪通电一般不需要传感器信息。

弧焊也为汽车工业广泛利用，它经常用于焊接形状不规则的或较宽的焊缝。在这种情况下，通常选用为这一特殊用途而专门设计的一种连续轨迹伺服控制机器人。如果要焊的部件可以精确放置并固定，就可以预先将复杂的三维轨迹示教给机器人，不需要外接传感器。现在许多机器人在焊接工具前方装有一只位置传感器，它能提供焊接中有关轨迹不规则性的信息；有的还配备传感器反馈装置。在需处理较宽焊缝时，可以编程使机器人做编织状横摆运动，这样就能保证焊出的焊缝覆盖整个坡口。焊接机器人的主要优点是能严格控制发弧时间。

2. 涂装机器人

涂装作业时易发生火灾，雾状漆还会致癌，因此涂装作业是机器人的特有用途。使用涂装机器人的另一个优点是其最终形成的涂层远比人工涂装出的更加均匀。它能生产出优质产品，返修率低，节省大量的漆。用于此目的的机器人通常能完成直线和连续轨迹运动。

在我国工业机器人的发展历程中，涂装机器人是开发比较早的项目之一，到目前为止，已有很多条涂装自动生产线用于汽车等行业。汽车涂装机器人如图1-4所示。

涂装机器人主要由机器人本体、计算机和相应的控制系统组成，液压驱动的涂装机器人还包括液压油源，如液压泵、油箱和电动机等。这种

图1-4　汽车涂装机器人

机器人多采用五或六自由度关节式结构，手臂有较大的运动空间，并可做复杂的轨迹运动，其腕部一般有2~3个自由度，可灵活运动。较先进的涂装机器人腕部采用柔性手腕，既可向各个方向弯曲，又可转动，其动作类似人的手腕，能方便地通过小孔伸入工件内部，喷涂其内表面。涂装机器人一般采用液压驱动，具有动作速度快、防爆性能好等特点，可通过手把手示教或点位示教来实现示教。涂装机器人广泛用于汽车、仪表、电器、陶瓷等行业工艺部门。

3. 研磨机器人

两块金属经电弧焊后，在焊缝处会产生焊珠。为了使零部件美观或满足功能的需要，要进行磨削作业。研磨机器人（图1-5）可以很好地完成这项工作，因为机械手可以使用电弧焊作业时使用过的同样程序，只要卸下焊接工具换上旋转式砂轮即可。另一项重要的磨削工作是在金属铸件上进行的。为了获得铸件的正确外形尺寸，可以将连续轨迹编程的方法示教给机器人，使砂轮磨掉任何要求之外的突出部分，对过大的铸件表面加以修整。机器人磨削还可以用于清理毛刺，将刚钻完的孔周围的无用材料磨掉。为了提高生产率，自动钻孔后也可以用机器人完成清理工作。

在这些磨削用途中，被加工的零部件尺寸常有误差，需要传感器的信息使机器人能精确地"感知"到零部件真实的外形轮廓。这对将电弧焊珠打磨平滑特别重要。目前，已可买

到能提供这种信息的比较简单的触觉传感器。

4. 零部件装卸和传送机器人

将零部件或物体从工作区的某一位置移到另一个位置，是工业机器人最常见的用途之一。从一处拾取零部件，然后挪到另一个地点，这种操作称为"码放"物件；与此相反，将一排排物件卸下，放在工作场地的另一个地点，称为"卸货"。传送机器人如图 1-6 所示。

图 1-5　研磨机器人

图 1-6　传送机器人

一些重要的零部件在加工过程中的装卸，涉及拾取半成品或未完工的零部件，将其送到其他机床进行加工。若该项作业对人类不安全，则可以交给机器人完成。

在金属热压加工时，需要人在加热的窑炉、压力机、车床或手摇钻床附近工作，工作环境恶劣且有危险，而机器人能在危险、恶劣、高温环境中代替人的工作，从而使人类远离危险。

5. 装配机器人

装配机器人是为完成装配作业而设计的工业机器人，是工业机器人应用种类中适用范围比较广的产品之一。与一般工业机器人相比，它具有精度高、柔顺性好、工作范围小、能与其他系统配套使用等特点。使用装配机器人（图 1-7）可以保证产品质量，降低成本，提高生产自动化水平。

人可以利用眼和手的良好协调动作，再加上触觉，将一组零件组装起来制成成品或组件，但组装工作令人感到乏味，故组装作业是机器人的一项有前景的用途。

图 1-7　装配机器人

例如，人们将剪刀、钳子和其他简单的手工工具放在一起，将所要加工的点和操作顺序示教给机器人，由机器人来制造小型电机、组装插头插座。通常使用的唯一外部传感器信息是零件或组件是否处在工作单元室内的特定位置。机器人腕部的柔顺性在这些组装作业中显得特别重要。机器人可利用力觉或触觉的反馈信号获得良好的外部感知能力，从而对夹持和放置零件的装置或机器人本身所引起的任何定位误差进行较好的补偿。但是，这样的感知装置（传感器）大部分尚不完善，所以大部分组装工作目前不用外部传感器，而常采用在端部操纵装置和机器人的腕部法兰之间的一个远距定心柔性装置（RCC）来完成。如果要求精确度高，机械手应配备有外部传感器（如视觉系统）。虽然视觉外部设备会降低系统的产量，但如果视觉系统的硬件和软件价格下降，而且系统本身工作更快，可以预测，其应用将会更加普遍。

例如，库卡装配机器人系统集成中使用的库卡装配机器人是专门为装配而设计的机器人，目前广泛用于各种电器制造，汽车及其部件、计算机、玩具、机电产品及其组件的装配等方面。

6. 分选零部件机器人

工业机器人可用于完成零部件的分级和分选工作。这种作业重复乏味，令人厌烦，因而操作人员易出差错。而由工业机器人来完成这项任务则快而准确且能长时间工作。例如，将一组待分级或分选零件放在传送带上，将视觉系统置于机器人的上方，用于确定通过摄像机视野内的零件类型和取向，并将信息送传给机器人的控制器；控制器随后发出指令使机械手移到正确位置，并使取向符合要求；然后，机器人将拾取的零件放进料箱或另一条传送带上。分选机器人如图 1-8 所示。

图 1-8　分选机器人

7. 检验零件机器人

工业机器人可以用于检验完工的零件或组件质量。汽车工业是以检验自动化来提高产品质量的典范。轿车车身各个部位的尺寸精度，可用含有许多可动传感器的特殊检测工具来检验。每个传感器移动的距离与预定值加以比较，从而确定被检测零件是否为合格品。这个系统不仅可以剔除超差的部件，还可及时指出潜在的问题。视觉系统已用于这种检验，但价格较高，使用尚不普遍。

电子装置的检验也可以由工业机器人来完成。检验机器人如图 1-9 所示。例如，印制电路板在插装元件之前，必须检验是否有漏钻孔或孔位不当。这项工作可用两种技术来完成。一是工业机器人拣拾印制电路板并与板的另一侧的电极接触。将全部接触点都放在专用夹具上，传感器穿过钻眼的孔，与板另一侧的电极接触。若全部接触点都接通，表示印制电路板

图 1-9　检验机器人

质量合格，机器人就将板放在适当的料箱中；否则，即使有一点没有接触上，机器人就会将这个不合格的印制电路板放在废品箱中。二是利用视觉系统，包括一台或多台视频摄像机。工业机器人将印制电路板放在一个有灯光的平台上，光线穿过钻孔形成的图案，由视觉系统感受并与预存的图案比较，以找出合格的板；视觉系统随后指挥机器人将合格板放在正品箱中。

随着工业机器人技术的发展，其应用也已经扩展到消费品加工制造、外科手术、楼宇和室内配送、智能伴侣与情感交互、复杂环境与特殊对象的专业清洁、城市应急安防、影视娱乐拍摄与制作、能源与矿产开采、国防与军事、宇宙探索、深海开发、核科学研究等领域。

习　　题

1. 简述工业机器人的定义和主要特点。
2. 简述外界环境对工业机器人的影响。
3. 简述工业机器人的基本组成及作用。
4. 简述一些你身边应用工业机器人的实例。
5. 什么是工业机器人的自由度？
6. 什么是工业机器人的重复定位精度？
7. 什么是工业机器人的工作范围？
8. 什么是工业机器人的最大工作速度？
9. 什么是工业机器人的承载能力？

第 2 章

Chapter

工业机器人运动学和动力学

工业机器人操作臂可看成一个开式运动链，它由一系列连杆通过转动或移动关节串联而成。开链的一端固定在基座上，另一端是自由的，安装着工具，用以操作物体，完成各种作业。关节由驱动器驱动，关节的相对运动导致连杆的运动，使手爪到达所需的位姿。在轨迹规划时，最重要的是末端执行器相对于固定参考系的空间描述。

为了研究工业机器人各连杆之间的位移关系，可在每个连杆上固接一个坐标系，然后描述这些坐标系之间的关系。德纳维（Denavit）和哈登伯格（Hartenberg）提出一种通用方法，用一个 4×4 的齐次变换矩阵描述相邻两连杆的空间关系，从而推导出"手爪坐标系"相对于"参考系"的等价齐次变换矩阵，建立出操作臂的运动方程，称为 D-H 矩阵法。

2.1 工业机器人运动学

2.1.1 工业机器人位姿描述

1. 点的位置描述

如图 2-1 所示，在选定的直角坐标系 $\{A\}$ 中，空间任意点 P 的位置可用 3×1 的位置矢量 $\boldsymbol{P}^A$ 表示，其右上标代表选定的参考坐标系。

$$\boldsymbol{P}^A = \begin{pmatrix} P_X \\ P_Y \\ P_Z \end{pmatrix} \tag{2-1}$$

2. 点的齐次坐标

如果用四个数组成 4×1 列阵表示三维空间直角坐标系 $\{A\}$ 中点 P，则该列阵称为三维空间点 P 的齐次坐标，即

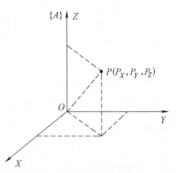

图 2-1 空间任意点的参考坐标系

$$P = \begin{pmatrix} P_X \\ P_Y \\ P_Z \\ 1 \end{pmatrix} \qquad (2\text{-}2)$$

必须注意，齐次坐标的表示不是唯一的。将其各元素同乘一个非零因子后，仍然代表同一点 P，即

$$P = (P_X \quad P_Y \quad P_Z \quad 1)^{\mathrm{T}} = (a \quad b \quad c \quad \omega)^{\mathrm{T}} \qquad (2\text{-}3)$$

其中：$a = \omega P_X$，$b = \omega P_Y$，$c = \omega P_Z$。

3. 坐标轴方向的描述

用 i、j、k 分别表示直角坐标系中 X、Y、Z 坐标轴的单位矢量，用齐次坐标来描述 X、Y、Z 轴的方向，则有

$$X = (1 \quad 0 \quad 0 \quad 0)^{\mathrm{T}}, \ Y = (0 \quad 1 \quad 0 \quad 0)^{\mathrm{T}}, \ Z = (0 \quad 0 \quad 1 \quad 0)^{\mathrm{T}} \qquad (2\text{-}4)$$

从以上可知，4×1 列阵 $(a \quad b \quad c \quad \omega)^{\mathrm{T}}$ 中第四个元素 ω 不为零，则表示空间某点的位置。

4. 动坐标系位姿的描述

在机器人坐标系中，运动时相对于连杆不动的坐标系称为静坐标系，简称静系；跟随连杆运动的坐标系称为动坐标系，简称动系。动系位置与姿态的描述称为动系的位姿表示，是对动系原点位置及各坐标轴方向的描述，现以下述实例说明。

（1）连杆的位姿表示　机器人的每一个连杆均可视为一个刚体，若给定了刚体上某一点的位置和该刚体在空间的姿态，则这个刚体在空间上是唯一确定的，可用唯一一个位姿矩阵进行描述。

设有一个机器人的连杆，若给定了连杆 PQ 上某点的位置和该连杆在空间的姿态，则称该连杆在空间是完全确定的。

如图 2-2 所示，O' 为连杆上任一点，$O'X'Y'Z'$ 为与连杆固接的一个动坐标系，即为动系。连杆 PQ 在固定坐标系 $OXYZ$ 中的位置可用一齐次坐标表示为

$$P = (X_0 \quad Y_0 \quad Z_0 \quad 1)^{\mathrm{T}} \qquad (2\text{-}5)$$

连杆的姿态可由动系的坐标轴方向来表示。令 n、o、a 分别为 X'、Y'、Z' 坐标轴的单位矢量，各单位矢量在静系上的分量为动系各坐标轴的方向余弦，以齐次坐标形式分别表示为

$$n = (n_x \quad n_y \quad n_z \quad 0)^{\mathrm{T}} \qquad (2\text{-}6)$$

$$o = (o_x \quad o_y \quad o_z \quad 0)^{\mathrm{T}} \qquad (2\text{-}7)$$

$$a = (a_x \quad a_y \quad a_z \quad 0)^{\mathrm{T}} \qquad (2\text{-}8)$$

由此可知，连杆的位姿可用下述齐次矩阵表示：

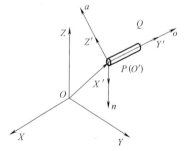

图 2-2　连杆的位姿表示

$$d = (n \quad a \quad o \quad P) = \begin{pmatrix} n_x & o_x & a_x & X_0 \\ n_y & o_y & a_y & Y_0 \\ n_z & o_z & a_z & Z_0 \\ 0 & 0 & 0 & 1 \end{pmatrix} \qquad (2\text{-}9)$$

例 2-1 图 2-3 中表示固连于连杆的坐标系 $\{B\}$ 的原点位于 O_B 点，$X_B = 2$，$Y_B = 1$，$Z_B = 0$。在 XOY 平面内，坐标系 $\{B\}$ 相对固定坐标系 $\{A\}$ 有一个 30° 的偏转，试写出表示连杆位姿的坐标系 $\{B\}$ 的 4×4 矩阵表达式。

解 X_B 轴的方向列阵：

$$\boldsymbol{n} = (\cos30° \quad \cos60° \quad \cos90° \quad 0)^T = (0.866 \quad 0.500 \quad 0.000 \quad 0)^T \tag{2-10}$$

Y_B 轴的方向列阵：

$$\boldsymbol{o} = (\cos120° \quad \cos30° \quad \cos90° \quad 0)^T = (-0.500 \quad 0.866 \quad 0.000 \quad 0)^T \tag{2-11}$$

Z_B 轴的方向列阵：

$$\boldsymbol{a} = (0.000 \quad 0.000 \quad 1.000 \quad 0)^T \tag{2-12}$$

坐标系 $\{B\}$ 的位置列阵：

$$\boldsymbol{P} = (2 \quad 1 \quad 0 \quad 1)^T \tag{2-13}$$

则动坐标系 $\{B\}$ 的 4×4 矩阵表达式为

$$T = \begin{pmatrix} 0.866 & -0.500 & 0.000 & 2.0 \\ -0.500 & 0.866 & 0.000 & 1.0 \\ 0.000 & 0.000 & 1.000 & 0.0 \\ 0 & 0 & 0 & 1 \end{pmatrix} \tag{2-14}$$

（2）手部的位姿表示 机器人手部的位置和姿态也可以用固连于手部的坐标系 $\{B\}$ 的位姿来表示，如图 2-4 所示。坐标系 $\{B\}$ 可以这样来确定：取手部的中心点 O_B 为原点；关节轴为 Z_B 轴，Z_B 轴的单位方向矢量 $\boldsymbol{a}$ 称为接近矢量，指向朝外；两手指的连线为 Y_B 轴，Y_B 轴的单位方向矢量 $\boldsymbol{o}$ 称为姿态矢量，指向可任意选定；X_B 轴与 Y_B 轴及 Z_B 轴垂直，X_B 轴的单位方向矢量 $\boldsymbol{n}$ 称为法向矢量，且 $\boldsymbol{n} = \boldsymbol{o} \times \boldsymbol{a}$，指向符合右手法则。

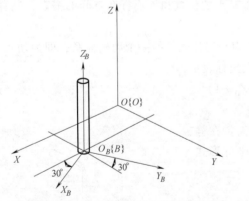

图 2-3 动坐标系 $\{B\}$ 的位姿表示

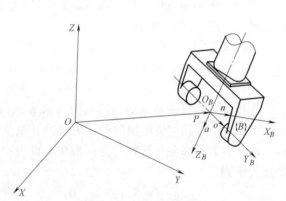

图 2-4 手部的位姿表示

手部的位置矢量为固定参考系原点指向手部坐标系 $\{B\}$ 原点的矢量 $\boldsymbol{P}$，手部的方向矢量为 $\boldsymbol{n}$、$\boldsymbol{o}$、$\boldsymbol{a}$。于是手部的位姿可用 4×4 矩阵表示为

$$T = (\boldsymbol{n} \quad \boldsymbol{o} \quad \boldsymbol{a} \quad \boldsymbol{P}) = \begin{pmatrix} n_X & o_X & a_X & P_X \\ n_Y & o_Y & a_Y & P_Y \\ n_Z & o_Z & a_Z & P_Z \\ 0 & 0 & 0 & 1 \end{pmatrix} \tag{2-15}$$

例 2-2   图 2-5 表示手部抓握物体 Q，物体是边长为 2 个
单位的正立方体，写出表达式。

解   因为物体 Q 的形心与手部坐标系 $O'X'Y'Z'$ 的原点 O'
相重合，则手部位置的 $4×1$ 列阵为 $\boldsymbol{P} = (1 \quad 1 \quad 1 \quad 1)^{\mathrm{T}}$，手部
坐标系 X' 轴的方向可用单位矢量 $\boldsymbol{n}$ 来表示：

$$\boldsymbol{n} : \alpha = 90°, \beta = 180°, \gamma = 90°$$

$$n_X = \cos\alpha = 0, n_Y = \cos\beta = -1, n_Z = \cos\gamma = 0$$

同理，手部坐标系 Y' 轴与 Z' 轴的方向可分别用单位矢量
$\boldsymbol{o}$ 和 $\boldsymbol{a}$ 来表示：

$$\boldsymbol{o} : o_X = -1, o_Y = 0, o_Z = 0$$

$$\boldsymbol{a} : a_X = 0, a_Y = 0, a_Z = -1$$

则手部位姿可用矩阵表示为

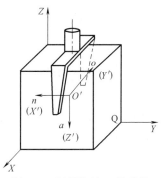

图 2-5   抓握物体 Q 的手部

$$\boldsymbol{T} = (\boldsymbol{n} \quad \boldsymbol{o} \quad \boldsymbol{a} \quad \boldsymbol{P}) = \begin{pmatrix} 0 & -1 & 0 & 1 \\ -1 & 0 & 0 & 1 \\ 0 & 0 & -1 & 1 \\ 0 & 0 & 0 & 1 \end{pmatrix} \tag{2-16}$$

（3）目标物位姿的描述   如图 2-6 所示，楔块 Q 在图 2-6a 所示位置，其位置和姿态可
用 8 个点描述，矩阵表达式为

$$\boldsymbol{Q} = \begin{pmatrix} 1 & -1 & -1 & 1 & 1 & -1 & -1 & 1 \\ 0 & 0 & 2 & 2 & 0 & 0 & 2 & 2 \\ 0 & 0 & 0 & 0 & 2 & 2 & 1 & 1 \\ 1 & 1 & 1 & 1 & 1 & 1 & 1 & 1 \end{pmatrix} \tag{2-17}$$

若让楔块绕 Z 轴旋转 $-90°$，用 $\boldsymbol{Rot}(Z, -90°)$ 表示，再沿 X 轴方向平移 4，用 $\boldsymbol{Trans}$
$(4, 0, 0)$ 表示，则楔块成为图 2-6b 所示的情况。此时楔块用新的 8 个点来描述它的位置
和姿态，其矩阵表达式为

$$\boldsymbol{Q'} = \begin{pmatrix} 4 & 4 & 6 & 6 & 4 & 4 & 6 & 6 \\ -1 & 1 & 1 & -1 & -1 & 1 & 1 & -1 \\ 0 & 0 & 0 & 0 & 2 & 2 & 1 & 1 \\ 1 & 1 & 1 & 1 & 1 & 1 & 1 & 1 \end{pmatrix} \tag{2-18}$$

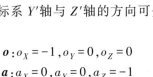

图 2-6   目标物的位置和姿态描述

a）旋转前的位置   b）旋转后的位置

2.1.2 齐次变换和运算

受机械结构和运动副的限制,在工业机器人中,被视为刚体的连杆的运动一般包括平移运动、旋转运动和平移加旋转运动。人们把每次简单的运动用一个变换矩阵来表示,那么多次运动即可用多个变换矩阵的积来表示,表示这个积的矩阵称为齐次变换矩阵。这样,用连杆的初始位姿矩阵乘以齐次变换矩阵,即可得到经过多次变换后该连杆的最终位姿矩阵。通过多个连杆位姿的传递,可以得到机器人末端执行器的位姿,即进行机器人运动学正问题的讨论。

1. 平移的齐次变换

如图 2-7a 所示为空间某一点在直角坐标系中的平移,由 $A(x, y, z)$ 平移至 $A'(x', y', z')$,即

$$
\begin{cases}
x' = x + \Delta x \\
y' = y + \Delta y \\
z' = z + \Delta z
\end{cases}
\tag{2-19}
$$

或写成

$$
\begin{pmatrix} x' \\ y' \\ z' \\ 1 \end{pmatrix} =
\begin{pmatrix}
1 & 0 & 0 & \Delta x \\
0 & 1 & 0 & \Delta y \\
0 & 0 & 1 & \Delta z \\
0 & 0 & 0 & 1
\end{pmatrix}
\begin{pmatrix} x \\ y \\ z \\ 1 \end{pmatrix}
\tag{2-20}
$$

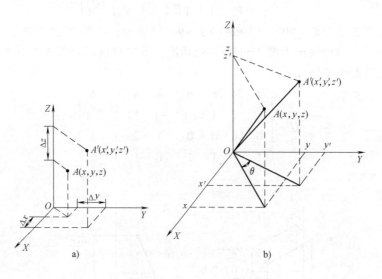

图 2-7 点的平移转换

记为

$$
a' = Trans(\Delta x, \Delta y, \Delta z) a
\tag{2-21}
$$

其中,$Trans(\Delta x, \Delta y, \Delta z)$ 称为平移算子,Δx、Δy、Δz 分别表示沿 X、Y、Z 轴的移

动量。即

$$Trans = (\Delta x, \Delta y, \Delta z) = \begin{pmatrix} 1 & 0 & 0 & \Delta x \\ 0 & 1 & 0 & \Delta y \\ 0 & 0 & 1 & \Delta z \\ 0 & 0 & 0 & 1 \end{pmatrix} \quad (2\text{-}22)$$

注意:

1) 算子左乘。

2) 该公式也适用于坐标系的平移变换、物体的平移变换，如机器人手部的平移变换。

2. 旋转的齐次变换

点在空间直角坐标系中的旋转如图 2-7b 所示。$A(x, y, z)$ 绕 Z 轴旋转 θ 后至 $A'(x', y', z')$，A 与 A' 之间的关系为

$$\begin{cases} x' = x\cos\theta - y\sin\theta \\ y' = x\sin\theta + y\cos\theta \\ z' = z \end{cases} \quad (2\text{-}23)$$

推导如下:

因 A 点是绕 Z 轴旋转的，所以把 A 与 A' 投影到 XOY 平面内，设 $OA = r$，则有 $\begin{cases} x = r\cos\alpha \\ y = r\sin\alpha \end{cases}$，

同时有 $\begin{cases} x' = r\cos\alpha' \\ y' = r\sin\alpha' \end{cases}$

其中 $\alpha' = \alpha + \theta$，即

$$\begin{cases} x' = r\cos(\alpha + \theta) \\ y' = r\sin(\alpha + \theta) \end{cases} \quad (2\text{-}24)$$

所以

$$\begin{cases} x' = r\cos\alpha\cos\theta - r\sin\alpha\sin\theta \\ y' = r\sin\alpha\cos\theta + r\cos\alpha\sin\theta \end{cases} \quad (2\text{-}25)$$

即

$$\begin{cases} x' = x\cos\theta - y\sin\theta \\ y' = y\cos\theta + x\sin\theta \end{cases} \quad (2\text{-}26)$$

由于 Z 坐标不变，因此有

$$\begin{cases} x' = x\cos\theta - y\sin\theta \\ y' = y\cos\theta + x\sin\theta \\ z' = z \end{cases} \quad (2\text{-}27)$$

写成矩阵形式为

$$\begin{pmatrix} x' \\ y' \\ z' \\ 1 \end{pmatrix} = \begin{pmatrix} \cos\theta & -\sin\theta & 0 & 0 \\ \sin\theta & \cos\theta & 0 & 0 \\ 0 & 0 & 1 & 0 \\ 0 & 0 & 0 & 1 \end{pmatrix} \begin{pmatrix} x \\ y \\ z \\ 1 \end{pmatrix} \quad (2\text{-}28)$$

记为

$$a' = Rot(z, \theta)a \quad (2\text{-}29)$$

其中，绕 Z 轴的旋转算子左乘是相对于固定坐标系，旋转算子为

$$Rot(z,\theta)=\begin{pmatrix} \sin\theta & -\sin\theta & 0 & 0 \\ \sin\theta & \cos\theta & 0 & 0 \\ 0 & 0 & 1 & 0 \\ 0 & 0 & 0 & 1 \end{pmatrix} \tag{2-30}$$

同理，

$$Rot(x,\theta)=\begin{pmatrix} 1 & 0 & 0 & 0 \\ 0 & \cos\theta & -\sin\theta & 0 \\ 0 & \sin\theta & \cos\theta & 0 \\ 0 & 0 & 0 & 1 \end{pmatrix} \tag{2-31}$$

$$Rot(y,\theta)=\begin{pmatrix} \cos\theta & 0 & \sin\theta & 0 \\ 0 & 1 & 0 & 0 \\ -\sin\theta & 0 & \cos\theta & 0 \\ 0 & 0 & 0 & 1 \end{pmatrix} \tag{2-32}$$

图 2-8 所示为点 A 绕任意过原点的单位矢量 k 旋转 θ 角的情况。k_x、k_y、k_z 分别为 k 矢量在固定参考坐标轴 X、Y、Z 上的三个分量，且 $k2x+k2y+k2z=1$ 可以证明，其旋转齐次变换矩阵为

$$Rot(k,\theta)=\begin{bmatrix} k_xk_x(1-\cos\theta)+\cos\theta & k_yk_x(1-\cos\theta)-k_x\sin\theta & k_zk_x(1-\cos\theta)+k_y\sin\theta & 0 \\ k_xk_y(1-\cos\theta)+k_z\sin\theta & k_yk_y(1-\cos\theta)+\cos\theta & k_xk_y(1-\cos\theta)-k_z\sin\theta & 0 \\ k_xk_x(1-\cos\theta)-k_y\sin\theta & k_yk_z(1-\cos\theta)+k_x\sin\theta & k_zk_z(1-\cos\theta)+\cos\theta & 0 \\ 0 & 0 & 0 & 1 \end{bmatrix}$$

$$\tag{2-33}$$

注意：

1）该式为一般旋转齐次变换通式，概括了绕 X、Y、Z 轴进行旋转变换的情况。反之，若给出某个旋转齐次变换矩阵，则可求得 k 及转角 θ。

2）变换算子公式不仅适用于点的旋转，也适用于矢量、坐标系、物体的旋转。

3）左乘是相对固定坐标系的变换，右乘是相对动坐标系的变换。

例 2-3 已知坐标系中点 U 的位置矢量 $U=(7\quad 3\quad 2\quad 1)^{\mathrm{T}}$，将此点绕 Z 轴旋转 $90°$，再绕 Y 轴旋转 $90°$，如图 2-9 所示，求旋转变换后所得的点 W。

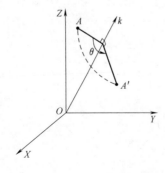

图 2-8 点的一般旋转变换

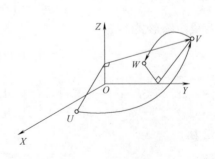

图 2-9 两次旋转变换

$$解 \quad W = Rot(Y,90°)Rot(Z,90°)U = \begin{pmatrix} 0 & 0 & 1 & 0 \\ 0 & 1 & 0 & 0 \\ -1 & 0 & 0 & 0 \\ 0 & 0 & 0 & 1 \end{pmatrix}\begin{pmatrix} 0 & -1 & 0 & 0 \\ 1 & 0 & 0 & 0 \\ 0 & 0 & 1 & 0 \\ 0 & 0 & 0 & 1 \end{pmatrix}\begin{pmatrix} 7 \\ 3 \\ 2 \\ 1 \end{pmatrix} \tag{2-34}$$

2.1.3　工业机器人的连杆参数和齐次变换矩阵

1. 连杆参数及连杆坐标系的建立

以机器人手臂的某一连杆为例。如图 2-10 所示，连杆 n 两端有关节 n 和 $n+1$。可以通过两个几何参数描述该连杆：连杆长度和扭角。由于连杆两端的关节分别有其各自的关节轴线，通常情况下这两条轴线是空间异面直线，那么这两条异面直线的公垂线段的长 a_n 即为连杆长度，这两条异面直线间的夹角 a_n 即为连杆扭角。

如图 2-10 所示，相邻杆件 n 与 $n-1$ 的关系参数可由连杆转角和连杆距离描述。沿关节 n 轴线两个公垂线间的距离 d_n 即为连杆距离；垂直于关节 n 轴线的平面内两个公垂线间的夹角 θ_n 即为连杆转角。

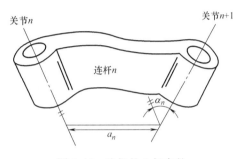

图 2-10　连杆的几何参数

这样，每个连杆可以由四个参数来描述，其中两个是连杆尺寸，两个表示连杆与相邻连杆的连接关系。当连杆 n 旋转时，θ_n 随之改变，为关节变量，其他三个参数不变；当连杆进行平移运动时，d_n 随之改变，为关节变量，其他三个参数不变。确定连杆的运动类型，同时根据关节变量即可设计关节运动副，从而进行整个机器人的结构设计。已知各个关节变量的值，便可从基座固定坐标系通过连杆坐标系的传递，推导出手部坐标系的位姿形态。

建立连杆坐标系的规则如下：

1）连杆 n 坐标系的坐标原点位于 $n+1$ 关节轴线上，是关节 $n+1$ 轴线与连杆 n 两关节轴线的公垂线的交点。

2）Z 轴与 $n+1$ 关节轴线重合。

3）X 轴与公垂线重合，从 n 指向 $n+1$ 关节。

4）Y 轴按右手法则确定。

连杆的参数见表 2-1。连杆 n 的坐标系 $O_nX_nY_nZ_n$ 见表 2-2。

2. 连杆坐标系之间的变换矩阵

建立了各连杆坐标系后，$n-1$ 系与 n 系之间的变换关系可以用坐标系的平移、旋转来实现。从 $n-1$ 系到 n 系的变换步骤如下：

表 2-1　连杆的参数

名称		含义	正负	性质
转角	θ_n	连杆 n 绕关节 n 的 Z_{n-1} 轴的转角	右手法则	关节转动时为变量
距离	d_n	连杆 n 沿关节 n 的 Z_{n-1} 轴的位移	沿 Z_{n-1} 正向为正	关节移动时为变量
长度	a_n	沿 X_n 方向上连杆 n 的长度	与 X_n 正向一致	尺寸参数，常量
扭角	α_n	连杆 n 两关节轴线之间的扭角	右手法则	尺寸参数，常量

表 2-2　连杆 n 的坐标系 $O_n X_n Y_n Z_n$

原点 O_n	轴 X_n	轴 Y_n	轴 Z_n
位于关节 $n+1$ 轴线与连杆 n 两关节轴线的公垂线的交点处	沿连杆 n 两关节轴线之公垂线,并指向 $n+1$ 关节	根据轴 X_n、Z_n 按右手法则确定	与关节 $n+1$ 轴线重合

1）令 $n-1$ 系绕 Z_{n-1} 轴旋转 θ_n 角，使 X_{n-1} 与 X_n 平行，算子为 $\boldsymbol{Rot}(z,\ \theta_n)$。

2）沿 Z_{n-1} 轴平移 d_n，使 X_{n-1} 与 X_n 重合，算子为 $\boldsymbol{Trans}(0,\ 0,\ d_n)$。

3）沿 X_n 轴平移 a_n，使两个坐标系原点重合，算子为 $\boldsymbol{Trans}(a_n,\ 0,\ 0)$。

4）绕 X_n 轴旋转 α_n 角，使得 $n-1$ 系与 n 系重合，算子为 $\boldsymbol{Rot}(x,\ \alpha_n)$。

该变换过程用一个总的变换矩阵 A_n 来综合表示。上述四次变换时应注意到坐标系在每次旋转或平移后发生了变动，后一次变换都是相对于动系进行的，因此在运算中变换算子应该右乘。于是连杆 n 的齐次变换矩阵为

$$
\begin{aligned}
\boldsymbol{A_n} &= \boldsymbol{Rot}(z,\ \theta_n)\,\boldsymbol{Trans}(0,\ 0,\ d_n)\,\boldsymbol{Trans}(a_n,\ 0,\ 0)\,\boldsymbol{Rot}(x,\ \alpha_n) \\
&= \begin{pmatrix} c\theta_n & -s\theta_n & 0 & 0 \\ s\theta_n & c\theta_n & 0 & 0 \\ 0 & 0 & 1 & 0 \\ 0 & 0 & 0 & 1 \end{pmatrix}
\begin{pmatrix} 1 & 0 & 0 & a_n \\ 0 & 1 & 0 & 0 \\ 0 & 0 & 1 & d_n \\ 0 & 0 & 0 & 1 \end{pmatrix}
\begin{pmatrix} 1 & 0 & 0 & 0 \\ 0 & c\alpha_n & -s\alpha_n & 0 \\ 0 & s\alpha_n & c\alpha_n & 0 \\ 0 & 0 & 0 & 1 \end{pmatrix} \\
&= \begin{pmatrix} c\theta_n & -s\theta_n c\alpha_n & s\theta_n s\alpha_n & a_n c\theta_n \\ s\theta_n & c\theta_n c\alpha_n & -c\theta_n s\alpha_n & a_n s\theta_n \\ 0 & s\alpha_n & c\alpha_n & d_n \\ 0 & 0 & 0 & 1 \end{pmatrix}
\end{aligned}
\tag{2-35}^{\ominus}
$$

实际上，很多机器人在设计时，常常使某些连杆参数取特别值，如使 $a_n=0$ 或 $90°$，也有使 $d_n=0$ 或 $a_n=0$，从而可以简化变换矩阵 $\boldsymbol{A_n}$ 的计算，同时也可简化控制。

2.1.4　工业机器人的运动学方程

1. 机器人运动学方程

我们为机器人的每一个连杆建立一个坐标系，并用齐次变换来描述这些坐标系间的相对关系，也称相对位姿。通常把描述一个连杆坐标系与下一个连杆坐标系间的相对关系的变换矩阵称为 $\boldsymbol{A_i}$ 变换矩阵。$\boldsymbol{A_i}$ 能描述连杆坐标系之间相对平移和旋转的齐次变换。

$\boldsymbol{A_1}$ 描述第一个连杆对于机身的位姿，$\boldsymbol{A_2}$ 描述第二个连杆坐标系相对于第一个连杆坐标系的位姿。如果已知一点在最末一个坐标系（如 n 坐标系）的坐标，要把它表示成前一个坐标系（如 $n-1$ 坐标系）的坐标，那么齐次坐标变换矩阵为 $\boldsymbol{A_n}$。依此类推，可知此点到基础坐标系的齐次坐标变换矩阵为

$$
A_1 A_2 A_3 \cdots A_{n-1} A_n
\tag{2-36}
$$

若有一个六连杆机器人，机器人末端执行器坐标系（即连杆坐标系 6）相对于连杆 $i-1$ 坐标系的齐次变换矩阵，用 $^{i-1}\boldsymbol{T_6}$ 表示，即

$${}^{i-1}\boldsymbol{T}_6 = \boldsymbol{A}_i\boldsymbol{A}_{i+1}\cdots\boldsymbol{A}_6 \tag{2-37}$$

机器人末端执行器坐标系相对于机身坐标系的齐次变换矩阵为

$${}^{0}\boldsymbol{T}_6 = \boldsymbol{A}_1\boldsymbol{A}_2\cdots\boldsymbol{A}_6 \tag{2-38}$$

式中，${}^{0}\boldsymbol{T}_6$ 常可简写成 $\boldsymbol{T}_6$。

该矩阵的前三列表示手部的姿态，第四列表示手部中心点的位置。可写成如下形式：

$$\boldsymbol{T} = (\boldsymbol{n}\quad \boldsymbol{o}\quad \boldsymbol{a}\quad \boldsymbol{P}) = \begin{pmatrix} {}^{n}X & {}^{o}X & {}^{a}X & {}^{P}X \\ {}^{n}Y & {}^{o}Y & {}^{a}Y & {}^{P}Y \\ {}^{n}Z & {}^{o}Z & {}^{a}Z & {}^{P}Z \\ 0 & 0 & 0 & 1 \end{pmatrix} \tag{2-39}$$

2. 正向运动学及实例

正向运动学主要解决机器人运动学方程的建立及手部位姿的求解，即已知各个关节的变量，求手部的位姿。

如图 2-11a 所示，SCARA 装配机器人的三个关节轴线是相互平行的，{0}、{1}、{2}、{3} 分别表示固定坐标系、连杆 1 的动坐标系、连杆 2 的动坐标系、连杆 3 的动坐标系，分别坐落在关节 1、关节 2、关节 3 和手部中心。坐标系 3 即为手部坐标系。连杆运动为旋转运动，连杆参数 θ_n 为变量，其余参数均为常量。该机器人的连杆参数见表 2-3。

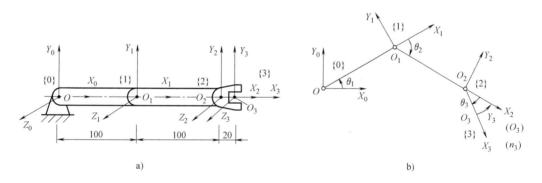

a)   b)

图 2-11 SCARA 装配机器人的动坐标系

表 2-3 SCARA 装配机器人的连杆参数

连杆	转角变量 θ_n	连杆间距 d_n	连杆长度 a_n	连杆扭角 α_n
1	θ_1	$d_1 = 0$	$a_1 = l_1 = 100$	$\alpha_1 = 0$
2	θ_2	$d_2 = 0$	$a_2 = l_2 = 100$	$\alpha_2 = 0$
3	θ_3	$d_3 = 0$	$a_3 = l_3 = 20$	$\alpha_3 = 0$

该平面关节型机器人的运动学方程为

$$\boldsymbol{T}_3 = \boldsymbol{A}_1\boldsymbol{A}_2\boldsymbol{A}_3 \tag{2-40}$$

式中，$\boldsymbol{A}_1$ 为连杆 1 坐标系相对于固定坐标系的齐次变换矩阵；$\boldsymbol{A}_2$ 为连杆 2 坐标系相对于连杆 1 坐标系的齐次变换矩阵；$\boldsymbol{A}_3$ 为手部坐标系相对于连杆 2 坐标系的齐次变换矩阵。

$$\boldsymbol{A}_1 = \boldsymbol{Rot}(z_0, \theta_1)\boldsymbol{Trans}(l_1, 0, 0)$$
$$\boldsymbol{A}_2 = \boldsymbol{Rot}(z_1, \theta_2)\boldsymbol{Trans}(l_2, 0, 0)$$

$$A_3 = Rot(z_2, \theta_3) Trans(l_3, 0, 0) \tag{2-41}$$

T_3 为手部坐标系（即手部）的位姿。由于其可写成 4×4 的矩阵形式，即可得向量 $\boldsymbol{p}$、$\boldsymbol{n}$、$\boldsymbol{o}$、$\boldsymbol{a}$，把 θ_1、θ_2、θ_3 代入可得。如图 2-11b 所示，当转角变量分别为 $\theta_1 = 30°$，$\theta_2 = -60°$，$\theta_3 = -30°$ 时，可根据平面关节型机器人运动学方程求解出运动学正解，即手部的位姿矩阵表达式为

$$T_3 = \begin{pmatrix} 0.5 & 0.866 & 0 & 183.2 \\ -0.866 & 0.5 & 0 & -17.32 \\ 0 & 0 & 1 & 0 \\ 0 & 0 & 0 & 0 \end{pmatrix} \tag{2-42}$$

3. 反向运动学及实例

反向运动学解决的问题是：已知手部的位姿，求各个关节的变量。在机器人的控制中，往往已知手部到达的目标位姿，需要求出关节变量，以驱动各关节的电动机，使手部的位姿得到满足，这就是运动学的反向问题，也称逆运动学。

以六自由度斯坦福（STANFORD）机器人为例，其连杆坐标系如图 2-12 所示。

$$T_6 = A_1 A_2 A_3 A_4 A_5 A_6 \tag{2-43}$$

现在给出 T_6 矩阵及各杆参数 a、α、d，求关节变量 $\theta_1 \sim \theta_6$，其中 $\theta_3 = d_3$。其中，A_1 描述坐标系 $\{1\}$ 相当于固定坐标系 $\{O\}$ 的 Z_0 轴旋转 θ_1，然后绕自身坐标系 X_1 轴做 α_1 的旋转变换，$\alpha_1 = -90°$，所以

$$\begin{aligned} A_1 &= Rot(z_0, \theta_1) Rot(x_1, \alpha_1) \\ &= \begin{pmatrix} \cos\theta_1 & 0 & -\sin\theta_1 & 0 \\ \sin\theta_1 & 0 & \cos\theta_1 & 0 \\ 0 & -1 & 0 & 0 \\ 0 & 0 & 0 & 1 \end{pmatrix} \end{aligned} \tag{2-44}$$

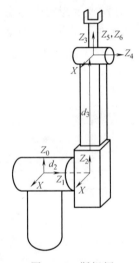

图 2-12　斯坦福 (STANFORD) 机器人

在 $T_6 = A_1 A_2 A_3 A_4 A_5 A_6$ 两边分别左乘运动学方程 A_1^{-1}，即可得

$$A_1^{-1} T_6 = A_2 A_3 A_4 A_5 A_6 \tag{2-45}$$

展开方程两边矩阵，对应项相等，即可求得 θ_1，同理可顺次得 θ_2、θ_3、$\cdots$、θ_6。

已知斯坦福机器人的 T_6 为

$$T_6 = \begin{pmatrix} n_x & o_x & a_x & p_x \\ n_y & o_y & a_y & p_y \\ n_z & o_x & a_z & p_z \\ 0 & 0 & 0 & 1 \end{pmatrix} \tag{2-46}$$

$$T_6 = A_1 A_2 A_3 A_4 A_5 A_6 \tag{2-47}$$

（1）求 θ_1　用 A_1^{-1} 左乘式（2-47），得

$$A_1^{-1} T_6 = A_2 A_3 A_4 A_5 A_6 \tag{2-48}$$

式中：

$$A_1^{-1}T_6 = \begin{pmatrix} c\theta_1 & s\theta_1 & 0 & 0 \\ 0 & 0 & -1 & 0 \\ -s\theta_1 & -c\theta_1 & 0 & 0 \\ 0 & 0 & 0 & -1 \end{pmatrix} \begin{pmatrix} n_x & o_x & a_x & p_x \\ n_y & o_y & a_y & p_y \\ n_z & o_z & a_z & p_z \\ 0 & 0 & 0 & 1 \end{pmatrix}$$

$$= \begin{pmatrix} f_{11}(n) & f_{11}(o) & f_{11}(a) & f_{11}(p) \\ f_{12}(n) & f_{12}(o) & f_{12}(a) & f_{12}(p) \\ f_{13}(n) & f_{13}(o) & f_{13}(a) & f_{13}(p) \\ 0 & 0 & 0 & 1 \end{pmatrix} \tag{2-49}$$

式中：

$$f_{11}(i) = c\theta_1 i_x + s\theta_1 i_y; \quad f_{12}(i) = -i_z; \quad f_{13}(i) = -s\theta_1 i_x + c\theta_1 i_y; \quad i = n, o, a, p$$

$$T_6 = A_2 A_3 A_4 A_5 A_6$$

$$= \begin{pmatrix} c\theta_2(c\theta_4 c\theta_5 c\theta_6 - s\theta_4 s\theta_6) - s\theta_2 s\theta_5 s\theta_6 & -c\theta_2(c\theta_4 c\theta_5 c\theta_6 + s\theta_4 s\theta_6) + s\theta_2 s\theta_5 s\theta_6 & c\theta_2 c\theta_4 s\theta_5 + s\theta_2 c\theta_5 & s\theta_2 d_3 \\ s\theta_2(c\theta_4 c\theta_5 c\theta_6 - s\theta_4 s\theta_6) + c\theta_2 s\theta_5 c\theta_6 & -s\theta_2(c\theta_4 c\theta_5 c\theta_6 + s\theta_4 s\theta_6) - c\theta_2 s\theta_5 s\theta_6 & s\theta_2 c\theta_4 s\theta_5 - s\theta_2 c\theta_5 & -c\theta_2 d_3 \\ s\theta_4 c\theta_5 c\theta_6 + c\theta_2 s\theta_6 & -s\theta_4 c\theta_5 s\theta_6 + c\theta_4 c\theta_6 & s\theta_4 s\theta_5 & d_2 \\ 0 & 0 & 0 & 1 \end{pmatrix} \tag{2-50}$$

式中第 3 行、第 4 列的元素为常数，将对应的元素等同起来，可得

$$f_{13}(p) = d_2 \tag{2-51}$$

$$-s\theta_1 p_X + c\theta_1 p_Y = d_2 \tag{2-52}$$

采用三角代换：

$$p_X = \rho\cos\varphi, p_Y = \rho\sin\varphi \tag{2-53}$$

式中：$\rho = \sqrt{p_X^2 + p_Y^2}$；$\varphi = a\tan^2(p_Y, p_X)$。

进行三角代换后可解得

$$\sin(\varphi - \theta_1) = \frac{d_2}{\rho}, \cos(\varphi - \theta_1) = \pm\sqrt{1 - \left(\frac{d_2}{\rho}\right)^2} \tag{2-54}$$

$$\varphi - \theta_1 = a\tan^2\left[\frac{d_2}{\rho}, \pm\sqrt{1 - \left(\frac{d_2}{\rho}\right)^2}\right] \tag{2-55}$$

$$\theta_1 = a\tan^2(p_Y, p_X) - a\tan^2(d_2, \pm\sqrt{p_X + p_Y - d_2^2}) \tag{2-56}$$

式中：正、负号对应的两个解对应于 θ_1 的两个可能解。

（2）求 θ_2　根据前述原则，用 A_2^{-1} 左乘方程式（2-48），得

$$A_2^{-1}A_1^{-1}T_6 = A_3 A_4 A_5 A_6 \tag{2-57}$$

查找右边的元素，这些元素是各关节的函数。计算矩阵后可知，第 1 行、第 4 列和第 2 行、第 4 列是 θ_2、d_3 的函数。因此可得

$$s\theta_2 d_3 = c\theta_1 p_X + s\theta_1 p_Y - c\theta_2 d_3 = -p_Z \tag{2-58}$$

由于 d_3 大于 0（棱形导轨的伸展大于 0），所以 θ_2 有唯一解：

$$\theta_2 = \arctan \frac{c\theta_1 p_X + s\theta_1 p_Y}{p_Z} \tag{2-59}$$

（3）求 d_3　用 A_3^{-1} 左乘方程式（2-57），得

$$A_3^{-1} A_2^{-1} A_1^{-1} T_6 = A_4 A_5 A_6 \tag{2-60}$$

因已经求得 θ_1、θ_2，故 $s\theta_1$、$c\theta_1$、$s\theta_2$、$c\theta_2$ 的值为已知。计算式（2-60），令第 3 行、第 4 列元素相等，可以得到 d_3 的方程式：

$$d_3 = s\theta_2(c\theta_1 p_X + s\theta_1 p_Y) + c\theta_2 p_Z \tag{2-61}$$

（4）求 θ_4　用 A_4^{-1} 左乘式（2-60），得

$$A_4^{-1} A_3^{-1} A_2^{-1} A_1^{-1} T_6 = A_5 A_6 \tag{2-62}$$

计算矩阵式，因右端第 3 行、第 3 列元素为 0，令左、右两端第 3 行、第 3 列元素相等，有

$$-s\theta_4 \left[c\theta_2(c\theta_1 a_Y + s\theta_1 a_Y) - s\theta_2 a_Y \right] + c\theta_4 (-s\theta_1 a_Y + c\theta_1 a_Y) = 0 \tag{2-63}$$

解得

$$\theta_4 = a\tan^2 \left[-s\theta_1 a_X + c\theta_1 a_Y, c\theta_2(c\theta_1 a_X + s\theta_1 a_Y) - s\theta_2 a_Y \right] \tag{2-64}$$

（5）求 θ_5　用 A_5^{-1} 左乘式（2-62），得

$$A_5^{-1} A_4^{-1} A_3^{-1} A_2^{-1} A_1^{-1} T_6 = A_6 \tag{2-65}$$

根据式（2-65）左右两边对应的元素相等，可以得到 $s\theta_5$、$c\theta_5$ 的方程，即

$$s\theta_5 = c\theta_4 \left[c\theta_2(c\theta_1 a_X + s\theta_1 a_Y) - s\theta_2 a_Y \right] + s\theta_4(-s\theta_1 a_Y + c\theta_1 a_Y) \tag{2-66}$$

$$c\theta_5 = s\theta_2(c\theta_1 a_X + s\theta_1 a_Y) + c\theta_2 a_Y \tag{2-67}$$

解得

$$\theta_5 = a\tan^2 \left\{ c\theta_4 \left[c\theta_2(c\theta_1 a_X + s\theta_1 a_Y) - s\theta_2 a_Y \right] + s\theta_4(-s\theta_1 a_Y + c\theta_1 a_Y), s\theta_2(c\theta_1 a_X + s\theta_1 a_Y) + c\theta_2 a_Y \right\} \tag{2-68}$$

（6）求 θ_6　根据式（2-49）左右两边对应的元素相等，可以得到 $s\theta_6$、$c\theta_6$ 的表达式：

$$s\theta_6 = -c\theta_5 \left\{ c\theta_4 \left[c\theta_2(c\theta_1 o_X + s\theta_1 o_Y) - s\theta_2 o_Y \right] + s\theta_4(-s\theta_1 o_x + c\theta_1 o_Y) \right\} + s\theta_5 \left[s\theta_2(c\theta_1 o_X + s\theta_1 o_Y) + c\theta_2 o_Y \right]$$

$$c\theta_6 = -s\theta_4 \left[c\theta_2(c\theta_1 o_X + s\theta_1 o_Y) - s\theta_2 o_Y \right] + c\theta_4(-s\theta_1 o_X + c\theta_1 o_Y) \tag{2-69}$$

解得

$$\theta_6 = a\tan^2(s\theta_6, c\theta_6) \tag{2-70}$$

上述求解过程称为分离变量法，即将一个未知数由矩阵方程的右边移向左边，使其与其他未知数分开，解出这个未知数，再把下一个未知数移到左边，重复进行，直到解出所有的未知数。

应该注意，求解逆解时可能存在的问题有：解不存在或解的多重性。由于旋转关节的活动范围很难达到 360°，而仅为 360° 的一部分，即机器人都具有一定的工作区域，当给定手部位置在工作区域外时，则解不存在。

实际上，由于关节活动范围的限制，机器人有多组解时，可能有某些解不能达到。一般来说，非零的连杆的参数越多，达到某一目标的方式越多，运动学逆解的数目越多。所以，应该根据具体情况，在避免碰撞的前提下，按"最短行程"的原则来择优，即使每个关节的移动量最小。又由于工业机器人连杆的尺寸大小不同，因此应遵循"多移动小关节，少移动大关节"的原则。

2.2 工业机器人动力学

稳态下研究的机器人运动学分析只限于静态位置问题的讨论，未涉及机器人运动的力、速度、加速度等动态过程。实际上，机器人是一个复杂的动力学系统，机器人系统在外载荷和关节驱动力矩（驱动力）的作用下将取得静力平衡，在关节驱动力矩（驱动力）的作用下将发生运动变化。机器人的动态性能不仅与运动学因素有关，还与机器人的结构形式、质量分布、执行机构的位置、传动装置等对动力学产生重要影响的因素有关。

机器人动力学主要研究机器人运动和受力之间的关系，目的是对机器人进行控制、优化设计和仿真。机器人动力学主要解决动力学正问题和运动学逆问题两类问题：动力学正问题是根据各关节的驱动力（或力矩），求解机器人的运动（关节的位移、速度和加速度），主要用于机器人的仿真；动力学逆问题是已知机器人关节的位移、速度和加速度，求解所需要的关节驱动力（或力矩），是实时控制的需要。

本章首先通过实例介绍与机器人速度和静力有关的雅可比矩阵，在机器人雅可比矩阵分析的基础上进行机器人的静力分析，讨论动力学的基本问题，对机器人的动态特性做简要论述，以便为机器人编程、控制等打下基础。

2.2.1 工业机器人速度雅可比及速度分析

1. 工业机器人速度雅可比矩阵

机器人雅可比矩阵（简称雅可比）揭示了操作空间与关节空间的映射关系。雅可比不仅表示操作空间与关节空间的速度映射关系，也表示两者之间力的传递关系，为确定机器人的静态关节力矩以及不同坐标系间速度、加速度和静力的变换提供了便捷的方法。

数学上，雅可比矩阵是一个多元函数的偏导矩阵。在机器人学中，雅可比是一个把关节速度向量 $\boldsymbol{q}$ 换为手爪相对基坐标的广义速度向量 $\boldsymbol{v}$ 的变换矩阵。在机器人速度分析和静力分析中都将用到雅可比，现通过一个例子来说明：

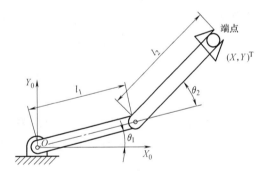

图 2-13 二自由度平面关节机器人

图 2-13 所示为二自由度平面关节机器人（2R 机器人），端点位置 X、Y 与关节 θ_1、θ_2 的关系为

$$\begin{cases} X = l_1 c\theta_1 + l_2 c(\theta_1+\theta_2) \\ Y = l_1 s\theta_1 + l_2 s(\theta_1+\theta_2) \end{cases} \tag{2-71}$$

即

$$\begin{cases} X = X(\theta_1, \theta_2) \\ Y = Y(\theta_1, \theta_2) \end{cases} \tag{2-72}$$

将其微分得

$$\begin{cases} dX = \dfrac{\partial X}{\partial \theta_1} d\theta_1 + \dfrac{\partial X}{\partial \theta_2} d\theta_2 \\[3mm] dY = \dfrac{\partial Y}{\partial \theta_1} d\theta_1 + \dfrac{\partial Y}{\partial \theta_2} d\theta_2 \end{cases} \tag{2-73}$$

写成矩阵形式为

$$\begin{pmatrix} dX \\ dY \end{pmatrix} = \begin{pmatrix} \dfrac{\partial X}{\partial \theta_1} & \dfrac{\partial X}{\partial \theta_2} \\[3mm] \dfrac{\partial Y}{\partial \theta_1} & \dfrac{\partial Y}{\partial \theta_2} \end{pmatrix} \begin{pmatrix} d\theta_1 \\ d\theta_2 \end{pmatrix} \tag{2-74}$$

令

$$\boldsymbol{J} = \begin{pmatrix} \dfrac{\partial X}{\partial \theta_1} & \dfrac{\partial X}{\partial \theta_2} \\[3mm] \dfrac{\partial Y}{\partial \theta_1} & \dfrac{\partial Y}{\partial \theta_2} \end{pmatrix} \tag{2-75}$$

于是有

$$d\boldsymbol{X} = \boldsymbol{J} d\boldsymbol{\theta} \tag{2-76}$$

式中：

$$d\boldsymbol{X} = \begin{pmatrix} dX \\ dY \end{pmatrix}; \quad d\boldsymbol{\theta} = \begin{pmatrix} d\theta_1 \\ d\theta_2 \end{pmatrix}$$

$\boldsymbol{J}$ 称为图 2-13 所示 2R 机器人的速度雅可比，它反映了关节空间微小运动 $d\boldsymbol{\theta}$ 与手部作业空间微小位移 $d\boldsymbol{X}$ 的关系。

若对图 2-13 的运动方程进行运算，则该 2R 机器人的雅可比可写为

$$\boldsymbol{J} = \begin{pmatrix} -l_1 s\theta_1 - l_2 s(\theta_1 + \theta_2) & -l_2 s(\theta_1 + \theta_2) \\ l_1 c\theta_1 + l_2 c(\theta_1 + \theta_2) & l_2 c(\theta_1 + \theta_2) \end{pmatrix} \tag{2-77}$$

从 $\boldsymbol{J}$ 中元素的组成可见，$\boldsymbol{J}$ 阵的值是关于 θ_1 及 θ_2 的函数。

推而广之，对于 n 自由度机器人关节变量可用广义关节变量 $\boldsymbol{q}$ 表示，即 $\boldsymbol{q} = (q_1, q_2, \cdots, q_n)^{\mathrm{T}}$，当关节为转动关节时 $q_i = \theta_i$；当关节为移动关节时，$q_i = d_i$，$\boldsymbol{q} = (dq_1, dq_2, \cdots, dq_n)^{\mathrm{T}}$ 反映了关节空间的微小运动。机器人末端在操作空间的位置和方位可用末端手爪的位姿 $\boldsymbol{X}$ 表示，它是关节变量的函数，$\boldsymbol{X} = X(\boldsymbol{q})$，并且是一个 6 维列矢量。它反映了操作空间的微小运动，由机器人末端微小线位移和微小角位移（微小转动）组成。因此，可写为

$$d\boldsymbol{X} = \boldsymbol{J}(\boldsymbol{q}) d\boldsymbol{q} \tag{2-78}$$

式中，$\boldsymbol{J}(\boldsymbol{q})$ 是 $6 \times n$ 维偏导数矩阵，称为 n 自由度机器人的速度雅可比。

2. 工业机器人的速度分析

用机器人的速度雅可比可对机器人进行速度分析。对式（2-78）左、右两边各除以 dt 得

$$\frac{d\boldsymbol{X}}{dt} = \boldsymbol{J}(q) \frac{d\boldsymbol{q}}{dt}$$

$$J(q) = \frac{\partial X}{\partial q^{\mathrm{T}}} = \begin{pmatrix} \dfrac{\partial X}{\partial q_1} & \dfrac{\partial X}{\partial q_2} & \cdots & \dfrac{\partial X}{\partial q_n} \\[2mm] \dfrac{\partial Y}{\partial q_1} & \dfrac{\partial Y}{\partial q_2} & \cdots & \dfrac{\partial Y}{\partial q_n} \\[2mm] \dfrac{\partial Z}{\partial q_1} & \dfrac{\partial Z}{\partial q_2} & \cdots & \dfrac{\partial Z}{\partial q_n} \\[2mm] \dfrac{\partial \varphi_X}{\partial q_1} & \dfrac{\partial \varphi_X}{\partial q_2} & \cdots & \dfrac{\partial \varphi_X}{\partial q_n} \\[2mm] \dfrac{\partial \varphi_Y}{\partial q_1} & \dfrac{\partial \varphi_Y}{\partial q_2} & \cdots & \dfrac{\partial \varphi_Y}{\partial q_n} \\[2mm] \dfrac{\partial \varphi_Z}{\partial q_1} & \dfrac{\partial \varphi_Z}{\partial q_2} & \cdots & \dfrac{\partial \varphi_Z}{\partial q_n} \end{pmatrix} \tag{2-79}$$

或表示为

$$v = X = J(q)q \tag{2-80}$$

式中，v 为机器人末端在操作空间中的广义速度；q 为机器人关节在关节空间中的关节速度；$J(q)$ 为确定关节空间速度 q 与操作空间速度 v 之间关系的雅可比矩阵。

对于图 2-13 所示 2R 机器人而言，$J(q)$ 是式（2-77）所示的 2×2 矩阵。若令 J_1、J_2 分别为式（2-77）所示雅可比的第 1 列矢量和第 2 列矢量，则式（2-80）可写为

$$v = J_1 \theta_1 + J_2 \theta_2 \tag{2-81}$$

式中，右边第一项表示仅由第一个关节运动引起的端点速度；右边第二项表示仅由第二个关节运动引起的端点速度；总的端点速度为这两个速度矢量的合成。因此，机器人速度雅可比的每一列表示其他关节不动而某一关节运动产生的端点速度。

图 2-13 所示二自由度机器人手部的速度为

$$v = \begin{pmatrix} v_X \\ v_Y \end{pmatrix}$$

$$= \begin{pmatrix} -ls\theta_1 - l_2 s(\theta_1 + \theta_2) & -l_2 s(\theta_1 + \theta_2) \\ l_1 c\theta_1 + l_2 c(\theta_1 + \theta_2) & l_2 c(\theta_1 + \theta_2) \end{pmatrix} \begin{pmatrix} \theta_1 \\ \theta_2 \end{pmatrix} \tag{2-82}$$

$$= \begin{pmatrix} -(l_1 s\theta_1 + l_2 s(\theta_1 + \theta_2)) \theta_1 - l_2 s(\theta_1 + \theta_2) \theta_2 \\ (l_1 c\theta_1 + l_2 c(\theta_1 + \theta_2)) \theta_1 + l_2 c(\theta_1 + \theta_2) \theta_2 \end{pmatrix}$$

假如已知的 θ_1 及 θ_2 是时间的函数，即 $\theta_1 = f_1(t)$，$\theta_2 = f_2(t)$，某一时刻的速度 $v = f(t)$ 即手部瞬时速度。

反之，假如给定机器人手部速度，可解出相应的关节速度为

$$q = J^{-1} v \tag{2-83}$$

式中，J^{-1} 称为机器人逆速度雅可比。

式（2-83）是一个很重要的关系式。例如，人们希望工业机器人手部在空间规定的速度进行作业，那么用式（2-83）可以计算出沿路径上每一瞬时相应的关节速度。但是，一般来说，求逆速度雅可比 J^{-1} 是比较困难的，有时还会出现奇异解，就无法计算关节速度。

通常可以看到机器人逆速度雅可比 J^{-1} 出现奇异解的两种情况：

1）工作域边界上奇异。当机器人臂全部伸展开或全部折回而使手部处于机器人工作域

的边界上或边界附近时，出现逆雅可比奇异，这时机器人相应的形位称为奇异形位。

2）工作域内部奇异。奇异并不一定发生在工作域边界上，也可以是两个或更多个关节轴线重合所引起的。

当机器人处在奇异形位时会产生退化现象，丧失一个或更多的自由度。这意味着在工作空间的某个方向上，不管怎样选择机器人关节速度，手部也不可能实现移动。

例2-4 如图 2-14 所示的二自由度机械手，手部沿固定坐标系 X_0 轴正向以 1.0m/s 的速度移动，杆长 $l_1 = l_2 = 0.5$m。设在某瞬时 $\theta_1 = 30°$、$\theta_2 = 60°$，求相应瞬时的关节速度。

解 由式（2-77）可知，二自由度机械手的速度雅可比为

$$J = \begin{pmatrix} -l_1 s\theta_1 - l_2 s(\theta_1 + \theta_2) & -l_2 s(\theta_1 + \theta_2) \\ l_1 c\theta_1 + l_2 c(\theta_1 + \theta_2) & l_2 c(\theta_1 + \theta_2) \end{pmatrix} \tag{2-84}$$

因此，逆雅可比为

$$J^{-1} = \frac{1}{l_1 l_2 s\theta_2} \begin{pmatrix} l_2 c(\theta_1 + \theta_2) & l_2 s(\theta_1 + \theta_2) \\ -l_1 c\theta_1 - l_2 c(\theta_1 + \theta_2) & -l_1 s\theta_1 + l_2 s(\theta_1 + \theta_2) \end{pmatrix} \tag{2-85}$$

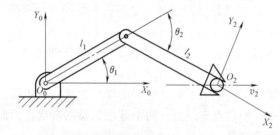

图 2-14 二自由度机械手手爪沿 X_0 方向运动示意图

$\boldsymbol{\theta} = J^{-1}v$ 且 $v = (1, 0)^T$，即 $v_X = 1$m/s，$v_Y = 0$，

因此有

$$\begin{pmatrix} \theta_1 \\ \theta_2 \end{pmatrix} = \frac{1}{l_1 l_2 s\theta_2} \begin{pmatrix} l_2 c(\theta_1 + \theta_2) & l_2 s(\theta_1 + \theta_2) \\ -l_1 c\theta_1 - l_2 c(\theta_1 + \theta_2) & -l_1 s\theta_1 + l_2 s(\theta_1 + \theta_2) \end{pmatrix} \begin{pmatrix} 1 \\ 0 \end{pmatrix} \tag{2-86}$$

$$\theta_1 = \frac{c_{12}}{l_1 s\theta_2} = -\frac{1}{0.5} \text{rad/s} = -2 \text{rad/s} \tag{2-87}$$

$$\theta_2 = \frac{c\theta_1}{l_1 s\theta_2} - \frac{c_{12}}{l_1 s\theta_2} = 4 \text{rad/s} \tag{2-88}$$

因此，在该瞬时两关节的位置 $\theta_1 = 30°$、$\theta_2 = 60°$，关节速度分别为 $\theta_1 = -2$rad/s、$\theta_2 = 4$rad/s，手部瞬时速度为 1m/s。

奇异讨论：当 $l_1 l_2 s\theta_2 = 0$ 时，无解。当 $l_1 \neq 0$，$l_2 \neq 0$ 时，即 $\theta_1 = 0$ 或 $\theta_2 = 180°$ 时，二自由度机器人逆速度雅可比 J^{-1} 奇异。这时，该机器人两臂完全伸直或完全折回，机器人处于奇异形位。在这种奇异形位下，手部正好处于工作空间的边界，手部只能沿着一个方向（即与臂垂直的方向）运动，不能沿其他方向运动，退化了一个自由度。

2.2.2 工业机器人力雅可比及静力分析

机器人在工作状态下会与环境之间引起相互作用的力和力矩。机器人各关节的驱动装置

提供关节力和力矩，通过连杆传递到末端执行器，克服外界作用力和力矩。关节驱动力和力矩与末端执行器施加的力和力矩之间的关系是机器人操作臂力控制的基础。

本部分讨论操作臂在静止姿态下力的平衡关系。

假定各关节"锁定"，机器人成为一个机构。该锁定用的关节力与手部所支持的载荷或受到外界环境作用力取得静力平衡。求解这种锁定用的关节力或求解在已知驱动力矩作用下手部的输出力就是对机器人操作臂的静力计算。

1. 操作臂中的静力

如果已知外界环境对机器人最末杆的作用力和力矩，则可以先分析最后一个连杆对前一个连杆的力和力矩，依次回推，直到分析完第一个连杆对机座的力和力矩，从而计算出每个连杆上的受力情况。操作臂中第 i 个杆件受力如图 2-15 所示，即杆 i 通过关节 i 和 $i+1$ 分别与杆 $i-1$ 和 $i+1$ 相连接，建立两个坐标系 $\{i-1\}$ 和 $\{i\}$。

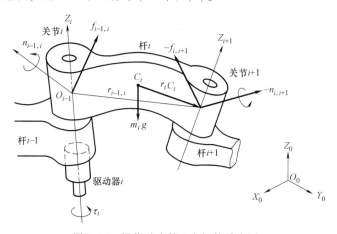

图 2-15　操作臂中第 i 个杆件受力图

定义如下变量：

$f_{i-1,i}$ 及 $n_{i-1,i}$ ——$i-1$ 杆通过关节 i 作用在 i 杆上的力和力矩；

$f_{i,i+1}$ 及 $n_{i,i+1}$ ——i 杆通过关节 $i+1$ 作用在 $i+1$ 杆上的力和力矩；

$-f_{i,i+1}$ 及 $-n_{i,i+1}$ ——$i+1$ 杆通过关节 $i+1$ 作用在 i 杆上的反作用力和反作用力矩；

$f_{n,n+1}$ 及 $n_{n,n+1}$ ——机器人最末杆对外界环境的作用力和力矩；

$-f_{n,n+1}$ 及 $-n_{n,n+1}$ ——外界环境对机器人最末杆的作用力和力矩；

$f_{0,1}$ 及 $n_{0,1}$ ——机器人机座对杆 1 的作用力和力矩；

$m_i g$ ——连杆 i 的重量，作用在质心 C_i 上。

连杆的静力平衡条件为其上所受的合力和合力矩为零，因此力和力矩平衡方程式为

$$f_{i-1,i}+(-f_{i,i+1})+m_i g = 0 \tag{2-89}$$

$$n_{i-1,i}+(-n_{i,i+1})+(r_{i-1,i}+r_i c_i)\times f_{i-1,i}+(r_i c_i)\times(-f_{i,j-1}) = 0 \tag{2-90}$$

式中，$r_{i-1,i}$ 为坐标系 $\{i\}$ 的原点相对于坐标系 $\{i-1\}$ 的位置矢量；$r_i c_i$ 为质心相对于坐标系 $\{i\}$ 的位置矢量。

假如已知外界环境对机器人末杆的作用力和力矩，那么可以由最后一个连杆向零连杆（机座）依次递推，从而计算出每个连杆上的受力情况。

2. 工业机器人力雅可比矩阵

利用静力平衡条件，杆上所受合力和合力矩为零。为了便于表示机器人手部端点的力和力矩（简称为端点广义力 F），可将 $f_{n,n+1}$ 和 $n_{n,n+1}$ 合并写成一个 6 维矢量，即

$$F = \begin{pmatrix} f_{n,n+1} \\ n_{n,n+1} \end{pmatrix} \tag{2-91}$$

各关节驱动器的驱动力或力矩可写成一个 n 维矢量的形式，即

$$\boldsymbol{\tau} = \begin{pmatrix} \tau_1 \\ \tau_2 \\ \vdots \\ \tau_n \end{pmatrix} \tag{2-92}$$

式中，n 为关节的个数；$\boldsymbol{\tau}$ 为关节力矩（或关节力）矢量，简称广义关节力矩。对于转动关节，τ_i 表示关节驱动力矩；对于移动关节，τ_i 表示关节驱动力。

假定关节无摩擦，并忽略各杆件的重力，现利用虚功原理推导机器人手部端点力 F 与关节力矩 $\boldsymbol{\tau}$ 的关系。

如图 2-16 所示，关节的虚位移为 δq，末端执行器的虚位移为 δX，则

$$\delta X = \begin{pmatrix} \boldsymbol{d} \\ \boldsymbol{\delta} \end{pmatrix} \ \text{及} \ \delta \boldsymbol{q} = (\delta q_1 \quad \delta q_2 \quad \cdots \quad \delta q_n)$$

$$\tag{2-93}$$

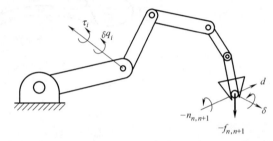

图 2-16 末端执行器及各关节的虚位移

式中，$\boldsymbol{d} = (d_X, d_Y, d_Z)$、$\boldsymbol{\delta} = (\delta\varphi_X \quad \delta\varphi_Y \quad \delta\varphi_Z)^T$ 分别对应于末端执行器的线虚位移和角虚位移；$\delta \boldsymbol{q}$ 为由各关节虚位移 δq_i 组成的机器人关节虚位移矢量。

假设发生上述虚位移时，各关节力矩为 τ_i（$i = 1, 2, 3, \cdots, n$），环境作用在机器人手部端点上的力和力矩分别为 $-f_{n,n+1}$ 和 $n_{n,n+1}$，由上述力和力矩所做的虚功可以由下式求出：

$$\delta W = \tau_1 \delta q_1 + \tau_2 \delta q_2 + \cdots + \tau_n \delta q_n - f_{n,n+1} \boldsymbol{d} + n_{n,n+1} \boldsymbol{\delta} \tag{2-94}$$

或写成：
$$\delta W = \boldsymbol{\tau}^T \delta \boldsymbol{q} - \boldsymbol{F}^T \delta \boldsymbol{X} \tag{2-95}$$

根据虚位移原理，机器人处于平衡状态的充分必要条件是，对任意符合几何约束的虚位移有 $\delta W = 0$，并应使虚位移 $\delta \boldsymbol{q}$ 和 $\delta \boldsymbol{X}$ 之间符合杆件的几何约束条件。利用 $\delta \boldsymbol{X} = \boldsymbol{J} \delta \boldsymbol{q}$，将式（2-95）写成：

$$\delta W = \boldsymbol{\tau}^T \delta \boldsymbol{q} - \boldsymbol{F}^T \boldsymbol{J} \delta \boldsymbol{q} = (\boldsymbol{\tau} - \boldsymbol{J}^T \boldsymbol{F})^T \delta \boldsymbol{q} \tag{2-96}$$

式中，$\delta \boldsymbol{q}$ 表示从几何结构上允许位移的关节独立变量。对任意的 $\delta \boldsymbol{q}$ 欲使 $\delta W = 0$ 成立，必有

$$\boldsymbol{\tau} = \boldsymbol{J}^T \boldsymbol{F} \tag{2-97}$$

式（2-97）表示了在静平衡状态下，手部端点力 $\boldsymbol{F}$ 和广义关节力矩 $\boldsymbol{\tau}$ 之间的线性映射关系。式（2-97）中的 $\boldsymbol{J}^T$ 与手部端点力 $\boldsymbol{F}$ 和广义关节力矩 $\boldsymbol{\tau}$ 之间的力传递有关，称为机器人力雅可比。显然，机器人力雅可比 $\boldsymbol{J}^T$ 是速度雅可比 $\boldsymbol{J}$ 的转置矩阵。

3. 工业机器人静力计算的两类问题

工业机器人操作臂静力计算的两类问题：

1）已知外界环境对机器人手部的作用力 $\boldsymbol{F}$，即手部端点力 $\boldsymbol{F} - \boldsymbol{F}'$，求相应的满足静力平

衡条件的关节驱动力矩。

2）已知关节驱动力矩 $\boldsymbol{\tau}$，确定机器人手部对外界环境的作用力或负载的质量。第二类问题是第一类问题的逆解。

逆解的关系式为

$$\boldsymbol{F} = (\boldsymbol{J}^{\mathrm{T}})^{-1}\boldsymbol{\tau} \tag{2-98}$$

机器人的自由度不是 6 时，如 $n>6$ 时，力雅可比矩阵就不是方阵，则 $\boldsymbol{J}^{\mathrm{T}}$ 就没有逆解。所以，对第二类问题的求解就困难得多，一般情况不一定能得到唯一的解。如果 $\boldsymbol{F}$ 的维数比 $\boldsymbol{\tau}$ 的维数低，且 $\boldsymbol{J}$ 满秩，则可利用最小二乘法求得 $\boldsymbol{F}$ 的估计值。

例 2-5　图 2-17 所示为一个二自由度平面关节机械手，已知手部端点力 $\boldsymbol{F} = (F_X \quad F_Y)^{\mathrm{T}}$，忽略摩擦，求 $\theta_1 = 0°$、$\theta_2 = 90°$ 时的关节力矩。

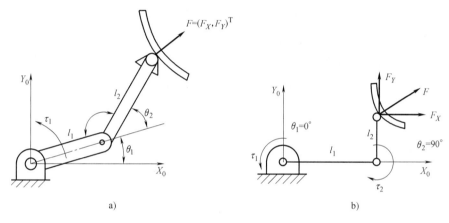

图 2-17　手部端点力与关节力矩

a）机械手结构简图　b）机械手受力图

解　该机械手的速度雅可比为

$$\boldsymbol{J} = \begin{pmatrix} -l_1 s\theta_1 - l_2 s(\theta_1 + \theta_2) & -l_2 s(\theta_1 + \theta_2) \\ l_1 c\theta_1 + l_2 c(\theta_1 + \theta_2) & l_2 c(\theta_1 + \theta_2) \end{pmatrix} \tag{2-99}$$

则该机械手的力雅可比为

$$\boldsymbol{J}^{\mathrm{T}} = \begin{pmatrix} -l_1 s\theta_1 - l_2 s(\theta_1 + \theta_2) & l_1 c\theta_1 + l_2 c(\theta_1 + \theta_2) \\ -l_2 s(\theta_1 + \theta_2) & l_2 c(\theta_1 + \theta_2) \end{pmatrix} \tag{2-100}$$

根据 $\boldsymbol{\tau} = \boldsymbol{J}^{\mathrm{T}}\boldsymbol{F}$ 得

$$\boldsymbol{\tau} = \begin{pmatrix} \tau_1 \\ \tau_2 \end{pmatrix} = \begin{pmatrix} -l_1 s\theta_1 - l_2 s(\theta_1 + \theta_2) & l_1 c\theta_1 + l_2 c(\theta_1 + \theta_2) \\ -l_2 s(\theta_1 + \theta_2) & l_2 c(\theta_1 + \theta_2) \end{pmatrix} \begin{pmatrix} F_X \\ F_Y \end{pmatrix} \tag{2-101}$$

所以

$$\begin{cases} \tau_1 = -(l_1 s\theta_1 + l_2 s(\theta_1 + \theta_2)) F_X + (l_1 c\theta_1 + l_2 c(\theta_1 + \theta_2)) F_Y \\ \tau_2 = -l_2 s(\theta_1 + \theta_2) F_X + l_2 c(\theta_1 + \theta_2) F_Y \end{cases} \tag{2-102}$$

在某一瞬时 $\theta_1 = 0°$、$\theta_2 = 90°$，如图 2-17b 所示，则与手部端点力相对应的关节力矩为

$$\begin{cases} \tau_1 = -l_2 F_X + l_1 F_Y \\ \tau_2 = -l_2 F_X \end{cases} \tag{2-103}$$

2.2.3 工业机器人动力学分析

随着工业机器人向高精度、高速、重载及智能化方向发展，对机器人设计和控制方面的要求越来越高，尤其是对控制方面，机器人要求动态实时控制的场合越来越多。所以，机器人的动力学分析尤为重要。机器人是一个非线性的复杂动力学系统。动力学问题的求解比较困难，而且需要较长的运算时间。因此，简化求解的过程、最大限度地减少工业机器人动力学在线计算的时间是一个备受关注的研究课题。

1. 机器人动力学分析的两类问题

1）已知轨迹点上的 $\boldsymbol{\theta}$、$\dot{\boldsymbol{\theta}}$ 及 $\ddot{\boldsymbol{\theta}}$，即机器人关节位置、速度和加速度，求相应的关节力矩向量 $\boldsymbol{\tau}$。这对实现机器人动态控制是相当有用的。

2）已知关节驱动力矩，求机器人系统相应的各瞬时运动。也就是说，给出关节力矩向量 $\boldsymbol{\tau}$，求机器人所产生的运动 $\boldsymbol{\theta}$、$\dot{\boldsymbol{\theta}}$ 及 $\ddot{\boldsymbol{\theta}}$。这对模拟机器人的运动是非常有用的。

机器人动力学的研究有牛顿-欧拉（Newton-Euler）法、拉格朗日（Langrange）法、高斯（Gauss）法、凯恩（Kane）法及罗伯逊-魏登堡（Roberon-Wittenburg）法等。本节介绍动力学研究常用的拉格朗日方程。

2. 拉格朗日方程

在机器人的动力学研究中，主要应用拉格朗日方程建立起机器人的动力学方程。这类方程可直接表示为系统控制输入的函数，若采用齐次坐标，递推的拉格朗日方程也可建立比较方便而有效的动力学方程。

对于任何机械系统，拉格朗日函数 L 可定义为系统总动能 E_k 与总势能 E_p 之差，即

$$L = E_k - E_p \tag{2-104}$$

由拉格朗日函数 L 所描述的系统动力学状态的拉格朗日方程（简称 L-E 方程，E_k 和 E_p 可以用任何方便的坐标系来表示）为

$$F_i = \frac{\mathrm{d}}{\mathrm{d}t}\left(\frac{\partial L}{\partial \boldsymbol{q}_i}\right) - \frac{\partial L}{\partial \boldsymbol{q}_i} \quad i = 1, 2, \cdots, n \tag{2-105}$$

式中，L 为拉格朗日函数（又称拉格朗日算子）；n 为连杆数目；$\boldsymbol{q}_i$ 为系统选定的广义坐标，单位为 m 或 rad，具体选 m 还是 rad 由 $\boldsymbol{q}_i$ 为直线坐标还是转角坐标来决定；$\dot{\boldsymbol{q}}_i$ 为广义速度（广义坐标 $\boldsymbol{q}_i$ 对时间的一阶导数），单位为 m/s 或 rad/s，具体选 m/s 还是 rad/s 由 $\dot{\boldsymbol{q}}_i$ 是线速度还是角速度来决定；F_i 为作用在第 i 个坐标上的广义力或力矩，单位为 N 或 N·m，具体选 N 还是 N·m 由 $\boldsymbol{q}_i$ 是直线坐标还是转角坐标来决定。考虑式（2-105）中不含 $\dot{\boldsymbol{q}}$，则式（2-105）可改写成

$$F_i = \frac{\mathrm{d}}{\mathrm{d}t}\frac{\partial E_k}{\partial \boldsymbol{q}_i} - \frac{\partial E_k}{\partial \boldsymbol{q}_i} + \frac{\partial E_p}{\partial \boldsymbol{q}_i} \tag{2-106}$$

用拉格朗日方程建立动力学方程的具体推导过程如下：

1）选取坐标系，选定完全而且独立的广义关节变量 $\boldsymbol{q}_i$，$i = 1, 2, \cdots, n$。

2）选定相应关节上的广义力 F_i：当 $\boldsymbol{q}_i$ 是位移变量时，F_i 为力；当 $\boldsymbol{q}_i$ 是角度变量时，F_i 为力矩。

3）求出机器人各构件的动能和势能，构造拉格朗日函数。

4）代入拉格朗日方程求得机器人系统的动力学方程。

3. 关节空间和操作空间动力学

n 个自由度操作臂末端位姿 X 是由 n 个关节变量决定的，这 n 个关节变量称为 n 维关节矢量 q，q 所构成的空间称为关节空间。末端操作器的作业是在直角坐标空间中进行的，位姿 X 是在直角坐标空间中描述的，这个空间称为操作空间。关节空间动力学方程为

$$\tau D = q(\ddot{q}) + H(q, \dot{q}) + G(q) \tag{2-107}$$

式中：$\tau = \begin{pmatrix} \tau_1 \\ \tau_2 \end{pmatrix}$；$q = \begin{pmatrix} \theta_1 \\ \theta_2 \end{pmatrix}$；$\dot{q} = \begin{pmatrix} \dot{\theta}_1 \\ \dot{\theta}_2 \end{pmatrix}$；$\ddot{q} = \begin{pmatrix} \ddot{\theta}_1 \\ \ddot{\theta}_2 \end{pmatrix}$

所以：

$$D(q) = \begin{pmatrix} m_1 p_1^2 + m_2(l_1^2 + p_2^2 + 2l_1 p_2 c\theta_2) & m_2(p_2^2 + l_1 p_2 c\theta_2) \\ m_2(p_2^2 + l_1 p_2 c\theta_2) & m_2 p_2^2 \end{pmatrix} \tag{2-108}$$

$$H(q, \dot{q}) = \begin{pmatrix} -m_2 l_1 p_2 s\theta_2 \dot{\theta}_2^2 - 2m_2 l_1 p_2 s\theta_2 \dot{\theta}_1 \dot{\theta}_2 \\ m_2 l_1 p_2 s\theta_2 \dot{\theta}_1^2 \end{pmatrix} \tag{2-109}$$

$$G(q) = \begin{pmatrix} (m_1 p_1 + m_2 l_1) gs\theta_1 + m_2 p_2 gs(\theta_1 + \theta_2) \\ m_2 p_2 gs(\theta_1 + \theta_2) \end{pmatrix} \tag{2-110}$$

式（2-107）就是操作臂在关节空间的动力学方程的一般结构形式，它反映了关节力矩与关节变量、速度、加速度之间的函数关系。对于 n 个关节的操作臂，$D(q)$ 是 $n \times n$ 的正定对称矩阵，是 q 的函数，称为操作臂的惯性矩阵；$H(q, \dot{q})$ 是 $n \times 1$ 的离心力和科氏力矢量；$G(q)$ 是 $n \times 1$ 的重力矢量，与操作臂的形位 q 有关。

与关节空间动力学方程相对应，在笛卡儿操作空间中可以用直角坐标变量即末端操作器位姿的矢量 X 表示机器人动力学方程。因此，操作力 F 与末端加速度 $\ddot{X}$ 之间的关系可表示为

$$F = M_x(q)\ddot{X} + U_x(q, \dot{q}) + G_x(q) \tag{2-111}$$

式中，$M_x(q)\ddot{X}$、$U_x(q, \dot{q})$、$G_x(q)$ 分别为操作空间惯性矩阵、离心力和科氏力矢量、重力矢量，它们都是在操作空间中表示的；F 是广义操作力矢量。关节空间动力学方程和操作空间动力学方程之间的对应关系可以通过广义操作力 F 与广义关节力矩 τ 之间的关系：

$$\tau = J^{\mathrm{T}}(q)F \tag{2-112}$$

和操作空间与关节空间之间的速度、加速度的关系式求出：

$$\begin{cases} \dot{X} = J(q)\dot{q} \\ \ddot{X} = J(q)\ddot{q} + \dot{J}(q)\dot{q} \end{cases} \tag{2-113}$$

2.3 工业机器人运动轨迹规划

2.3.1 路径和轨迹

机器人的轨迹是指操作臂在运动过程中的位移、速度和加速度。路径是机器人位姿的一

定序列，而不考虑机器人位姿参数随时间变化的因素。如图 2-18 所示，如果机器人从 A 点运动到 B 点，再到 C 点，那么这中间位姿序列就构成了一条路径。而轨迹则与何时到达路径中的每个部分有关，强调的是时间。因此，图中不论机器人何时到达 B 点和 C 点，其路径是一样的，而轨迹则依赖于速度

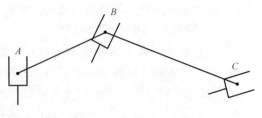

图 2-18　机器人运动图

和加速度，如果机器人抵达 B 点和 C 点的时间不同，则相应的轨迹也不同。我们的研究不仅要涉及机器人的运动路径，而且要关注其速度和加速度。

2.3.2　轨迹规划

轨迹规划是指根据作业任务要求确定轨迹参数并实时计算和生成运动轨迹。轨迹规划的一般问题有三个：

1）对机器人的任务进行描述，即运动轨迹的描述。

2）根据已经确定的轨迹参数，在计算机上模拟所要求的轨迹。

3）对轨迹进行实际计算，即在运行时间内按一定的速率计算出位置、速度和加速度，从而生成运动轨迹。

在规划中，不仅要规定机器人的起始点和终止点，而且要给出中间点（路径点）的位姿及路径点之间的时间分配，即给出两个路径点之间的运动时间。

轨迹规划既可在关节空间中进行，即将所有的关节变量表示为时间的函数，用其一阶、二阶导数描述机器人的预期动作，也可在直角坐标空间中进行，即将手部位姿参数表示为时间的函数，而相应的关节位置、速度和加速度由手部信息导出。以二自由度平面关节机器人为例解释轨迹规划的基本原理。如图 2-19 所示，要求机器人从 A 点运动到 B 点。机器人在 A 点时的形位角为 $\alpha = 20°$，$\beta = 30°$；到达 B 点时的形位角为 $\alpha = 40°$，$\beta = 80°$。两关节运动的最大速度均为 $10°/s$。当机器人的所有关节均以最大速度运动时，下方的连杆将用 2s 到达，而上方的连杆还需再运动 3s，可见路径是不规则的，手部掠过的距离点也是不均匀的。

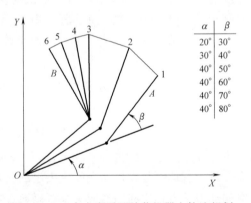

α	β
20°	30°
30°	40°
40°	50°
40°	60°
40°	70°
40°	80°

图 2-19　二自由度平面关节机器人轨迹规划

设机器人手臂两个关节的运动用有关公共因子做归一化处理，使手臂运动范围较小的关节运动成比例地减慢，这样，两个关节就能够同步开始和结束运动，即两个关节以不同速度一起连续运动，速率分别为 $4°/s$ 和 $10°/s$。

如果希望机器人的手部可以沿 AB 这条直线运动，最简单的方法是将该直线等分为几部分，然后计算出各个点所需的形位角 α 和 β 的值，这一过程称为两点间的插值。可以看出，这时路径是一条直线，而形位角变化并不均匀。很显然，如果路径点过少，将不能保证机器人在每一小段内的严格直线轨迹，因此，为获得良好的沿循精度，应对路径进行更加细致的

分割。由于对机器人轨迹的所有运动段的计算均基于直角坐标系，因此该法属于直角坐标空间的轨迹规划。

2.3.3　关节空间的轨迹规划

1. 三次多项式规划轨迹

假设机器人的初始位姿是已知的，通过求解逆运动学方程可以求得机器人期望的手部位姿对应的形位角。若考虑其中某一关节的运动开始时刻 t_i 的角度为 θ_i，希望该关节在时刻 t_f 运动到新的角度 θ_f。轨迹规划的一种方法是使用多项式函数以使得初始和末端的边界条件与已知条件相匹配，这些已知条件为 θ_i 和 θ_f 及机器人在运动开始和结束时的速度，这些速度通常为 0 或其他已知值。这四个已知信息可用来求解下列三次多项式方程中的四个未知量：

$$\theta(t) = c_0 + c_1 t + c_2 t^2 + c_3 t^3 \tag{2-114}$$

这里初始和末端条件为

$$\begin{cases} \theta(t_i) = \theta_i \\ \theta(t_f) = \theta_f \\ \dot{\theta}(t_i) = 0 \\ \dot{\theta}(t_f) = 0 \end{cases} \tag{2-115}$$

对式（2-114）进行求导得

$$\dot{\theta}(t) = c_1 + 2c_2 t + 3c_3 t^2 \tag{2-116}$$

将初始和末端条件代入式（2-114）和式（2-116）可得

$$\begin{cases} \theta(t_i) = c_0 = \theta_i \\ \theta(t_f) = c_0 + c_1 t_f + c_2 t_f^2 + c_3 t_f^3 = \theta_f \\ \dot{\theta}(t_i) = c_1 = 0 \\ \dot{\theta}(t_f) = c_1 + 2c_2 t_f + 3c_3 t_f^2 = 0 \end{cases} \tag{2-117}$$

通过联立求解这四个方程，得到方程中的四个未知的数值，便可算出任意时刻的关节位置，控制器则据此驱动关节所需的位置。尽管每一关节是用同样步骤分别进行轨迹规划的，但是所有关节从始至终都是同步驱动。如果机器人初始和末端的速率不为零，则同样可以通过给定数据得到未知的数值。

2. 抛物线过渡的线性运动轨迹

在关节空间进行轨迹规划的另一种方法是让机器人关节以恒定速度在起点和终点位置之间运动，轨迹方程相当于一次多项式，其速度是常数，加速度为零。这表示在运动段的起点和终点的加速度必须为无穷大，才能在边界点瞬间产生所需的速度。为避免这一现象出现，线性运动段在起点和终点处可以用抛物线来进行过渡，从而产生连续位置和速度。

假设 $t_i = 0$ 和 t_f 时刻对应的起点和终点位置为 θ_i 和 θ_f，抛物线与直线部分的过渡段在时间 t_b 和 $t_f - t_b$ 处是对称的，得

$$
\begin{cases}
\theta(t) = c_0 + c_1 t + \dfrac{1}{2} c_2 t^2 \\[2mm]
\dot{\theta}(t) = c_1 + c_2 t \\[2mm]
\ddot{\theta}(t) = c_2
\end{cases}
\tag{2-118}
$$

显然，这时抛物线运动段的加速度是一个常数，并在公共点 A 和 B（称这些点为节点）上产生连续的速度。

将边界条件代入抛物线段的方程，得

$$
\begin{cases}
\theta(0) = \theta_i = c_0 \\[2mm]
\dot{\theta}(0) = 0 + c_1 \\[2mm]
\ddot{\theta}(0) = c_2
\end{cases}
\tag{2-119}
$$

整理得

$$
\begin{cases}
c_0 = \theta_i \\[2mm]
c_1 = 0 \\[2mm]
c_2 = \dfrac{3(\theta_f - \theta_i)}{t_f^2}
\end{cases}
\tag{2-120}
$$

从而简化抛物线段的方程为

$$
\begin{cases}
\theta(t) = \theta_i + \dfrac{1}{2} c_2 t^2 \\[2mm]
\dot{\theta}(t) = c_2 t \\[2mm]
\ddot{\theta}(t) = c_2
\end{cases}
\tag{2-121}
$$

显然，对于直线段，速度将保持为常数，可以根据驱动器的物理性能来加以选择。将零初速度、线性段常量速度 ω 以及零末端速度代入，可得 A 点和 B 点以及终点的关节位置和速度如下：

$$
\begin{cases}
\theta_A = \theta_i + \dfrac{1}{2} c_2 t_b^2 \\[2mm]
\dot{\theta}_A = c_2 t_b = \omega \\[2mm]
\theta_B = \theta_A + \omega \left[(t_f - t_b) - t_b \right] = \theta_A + \omega(t_f - 2t_b) \\[2mm]
\dot{\theta}_B = \dot{\theta}_A = \omega \\[2mm]
\theta_f = \theta_B + (\theta_A - \theta_i) \\[2mm]
\dot{\theta}_f = 0
\end{cases}
\tag{2-122}
$$

由式（2-122）可求得

$$
\begin{cases}
c_2 = \dfrac{\omega}{t_b} \\[2mm]
\theta_f = \theta_i + c_2 t_b^2 + \omega(t_f - 2t_b)
\end{cases}
\tag{2-123}
$$

将 $c_2 = \dfrac{\omega}{t_b}$ 代入得

$$\theta_f = \theta_i + \left(\frac{\omega}{t_b}\right) t_b^2 + \omega(t_f - 2t_b) \tag{2-124}$$

进而求出过渡时间 t_b 为

$$t_b = \frac{\theta_i - \theta_f + \omega t_f}{\omega} \tag{2-125}$$

t_b 不能总大于总时间 t_f 的一半，否则，在整个过程中将没有直线运动段，而只有抛物线加速和抛物线减速段。由 t_b 表达式可以计算出对应的最大速度：

$$\omega_{max} = \frac{2(\theta_f - \theta_i)}{t_f} \tag{2-126}$$

如果初始时间不是零，则可采用平移时间轴的方法使初始时间为零。中点的抛物线段和起点的抛物线段是对称的，只不过加速度为负，因此可以表示为

$$\theta(t) = \theta_f - \frac{1}{2}c_2(t_f - t)^2 \tag{2-127}$$

其中 $c_2 = \omega / t_b$，从而可得

$$\begin{cases} \theta(t) = \theta_f - \dfrac{\omega}{2t_b}(t_f - t)^2 \\[2mm] \dot{\theta}(t) = \dfrac{\omega}{t_b}(t_f - t) \\[2mm] \ddot{\theta}(t) = -\dfrac{\omega}{t_b} \end{cases} \tag{2-128}$$

习　　题

1. 什么是齐次坐标？
2. 齐次变换矩阵的意义是什么？
3. 已知齐次变换矩阵，如何计算逆变换矩阵？
4. 什么是运动学正问题和运动学逆问题？
5. 机器人的坐标系有哪些？
6. 简述建立连杆坐标系的规则。
7. 建立运动学方程需要确定哪些参数？
8. 什么是机器人的力雅可比矩阵？
9. 试推导旋转齐次变换矩阵。
10. 什么是动力学正问题和动力学逆问题？
11. 轨迹规划的一般问题有哪几个？
12. 如何用三次多项式来规划轨迹？

第 3 章

hapter

工业机器人机械系统

　　工业机器人的机械系统是机器人的支承基础和执行机构，计算、分析和编程的最终目的是要通过本体的运动和动作完成特定的任务。工业机器人机械系统主要由四大部分构成：机身（即立柱）、臂部、腕部、手部。此外工业机器人必须有一个便于安装的基础件，即机器人的机座，机座往往与机身做成一体，机座必须具有足够的刚度和稳定性，主要有固定式和移动式两种。固定式的工业机器人，其机座往往固定安装在底座上面，如图 3-1 所示。采用移动式机座可扩大机器人的工作范围，机座可以安装在小车或导轨上。图 3-2 所示为一个具有小车行走机构的工业机器人。图 3-3 所示为一个采用过顶安装方式的具有导轨行走机构的工业机器人。

图 3-1　固定式的工业机器人

1—手部　2—腕部　3—臂部　4—机身　5—机座

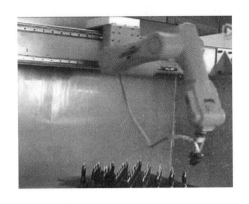

图 3-2　小车行走机器人　　　　　　图 3-3　导轨行走机器人

本章主要针对工业机器人的总体结构，从机器人的底座、机座、臂部、腕部、末端执行器和工业机器人的传动机构等方面进行介绍。

3.1　工业机器人的底座

工业机器人底座是固定机座系列机器人的安装基础，其承受机器人及其负载的重力，同时也要承受机器人在工作过程中其他作用力，底座的牢固性和稳定性直接影响到工业机器人的工况。

3.1.1　工业机器人底座的结构和放置形式

固定式工业机器人的安装方法分为直接地面安装、台架安装和底板安装三种形式。相应的底座结构和放置方式也不同。

1. 直接地面安装

固定式工业机器人采用直接地面安装方式时，需将底板埋入混凝土中或用地脚螺栓固定。底板要求稳固，以经受得住工业机器人手臂动作时产生的反作用力。底板与工业机器人机座用高强度螺栓连接，如图 3-4 所示。

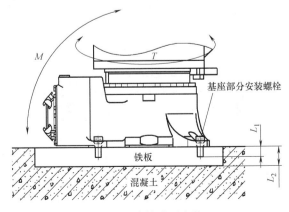

图 3-4　直接地面安装

2. 台架安装

固定式工业机器人采用台架安装方式时，其与工业机器人机座直接安装在地面上的要领基本相同。工业机器人机座与台架之间以及台架与底板之间均用高强度螺栓固定连接，如图3-5所示。

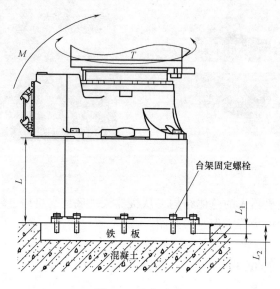

图 3-5　台架安装

3. 底板安装

机器人机座用底板安装在地面上时，用螺栓孔将安装底板安装在混凝土地面或钢板上。工业机器人机座与底板用高强度螺栓固定连接，如图3-6所示。

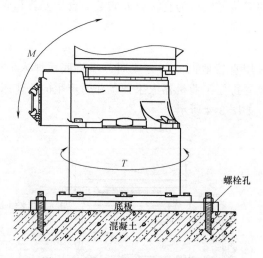

图 3-6　工业机器人机座用底板安装

工业机器人安装形式的选择原则如下：

1）根据工业机器人的载荷大小、工作情况以及现场环境条件的不同，应充分满足工业机器人安装牢固可靠的要求。

2）工业机器人承载载荷在 50kg 以下（包括 50kg）时，可以采用直接安装或预埋安装；超过 50kg 的工业机器人，必须采用预埋安装。

3.1.2　工业机器人底座的材料和技术要求

底座材料一般采用碳素结构钢的钢板与方形钢管，牌号为 Q235 或 Q275。为了防止失效发生，一般应选用镇静钢，化学成分、力学性能应满足相关的国家标准要求。通常工业机器人底座在布置好以后应该满足以下技术要求：

1）工业机器人底座钢板在完成布置或者安装完成后的平面度、直线度要满足要求，钢板的局部波状及平面度在每米长度内不超过 2mm。方管的直线度要求每米长度内不超过 1mm。

2）采用焊接的工业机器人底座，焊接完成以后应该进行热处理，以消除焊接过程中产生的应力；焊件涂装前应进行表面除锈处理，其质量等级应符合国家标准的相关规定。

3）采用切削加工的工业机器人底座，加工后工件不允许有毛刺、尖棱和尖角。

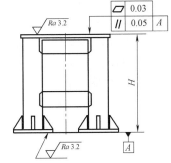

图 3-7　底座的几何公差要求

4）加工好的工业机器人底座应该进行表面处理，如表面涂装处理。涂面漆前应经除锈、除油和刮腻子等前处理。底座油漆的颜色应该与工业机器人本体的颜色协调。

5）底座与工业机器人机座安装面的平面度要求与底板安装面的平行度要求如图 3-7 所示。

3.2　工业机器人的机座

工业机器人的机座是工业机器人的基础部分，它起着支承作用。工业机器人机座有固定式和移动式两种。对固定式机座工业机器人而言，其机座直接安装在工业机器人底座上面，在 3.1 节中已经做了介绍；对移动式机座工业机器人而言，其机座则安装在行走机构上。

3.2.1　工业机器人的行走机构

行走机构是行走工业机器人的重要执行部件，它由驱动装置、传动机构、位置检测元件、传感器、电缆及管路等组成。它一方面支承工业机器人的机身、臂部和手部，另一方面带动工业机器人按照工作任务的要求进行移动。工业机器人的行走机构按运动轨迹分为固定轨迹式行走机构和无固定轨迹式行走机构。

1. 固定轨迹式行走机构

固定轨迹式工业机器人的机身底座安装在一个可移动的拖板座上，靠丝杠螺母副驱动，整个工业机器人本体沿丝杠纵向移动。这类工业机器人除了采用这种直线驱动方式外，有时也采用类似起重机梁行走等方式。这种可移动工业机器人主要用在作业区域大的场合，如大型设备装配、立体化仓库中的物料搬运、物料堆垛和储运、大面积喷涂等。

2. 无固定轨迹式行走机构

无固定轨迹式行走机构根据其结构特点，主要有轮式行走机构、履带式行走机构和足式

行走机构等。此外，还有适合于各种特殊场合的步进式行走机构、蠕动式行走机构、混合式行走机构和蛇行式行走机构等。下面主要介绍轮式行走机构、履带式行走机构和足式行走机构。

3.2.2 轮式行走机构

轮式行走工业机器人是工业机器人中应用最多的一种，主要行走在平坦的地面上。车轮的形状和结构形式取决于地面的性质和车辆的承载能力。在轨道上运行的多采用实心钢轮，在室外路面上运行的多采用充气轮胎，在室内平坦地面上运行的可采用实心轮胎。轮式行走机构依据车轮的多少分为一轮、二轮、三轮、四轮以及多轮。行走机构在实现上的关键是要解决稳定性问题，实际应用的轮式行走机构多为三轮和四轮。

1. 三轮行走机构

三轮行走机构具有一定的稳定性，代表性的车轮配置方式是一个前轮、两个后轮，如图3-8所示。

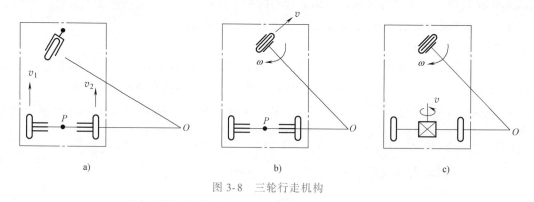

图3-8 三轮行走机构

a) 两个后轮独立驱动 b) 前轮驱动和转向 c) 后轮差动、前轮转向

图3-8a所示为两个后轮独立驱动，前轮仅起支承作用，靠后轮转向；图3-8b所示为采用前轮驱动、前轮转向的方式；图3-8c所示为利用两后轮差动减速器减速、前轮转向的方式。

2. 四轮行走机构

四轮行走机构的应用最为广泛，四轮行走机构可采用不同的方式实现驱动和转向，如图3-9所示。

图3-9a所示为后轮分散驱动；图3-9b所示为用连杆机构实现四轮同步转向，当前轮转动时，通过四连杆机构使后轮得到相应的偏转。这种行走机构相比仅有前轮转向的行走机构而言，可实现更灵活的转向和较大的回转半径。具有四组轮子的轮系，其运动稳定性有很大提高。但是，要保证四组轮子同时和地面接触，必须使用特殊的轮系悬架系统。它需要四个驱动电动机，控制系统也比较复杂，造价也较高。

3. 越障轮式行走机构

普通轮式行走机构对崎岖不平的地面适应性很差，为了提高轮式车辆的地面适应能力，采用越障轮式行走机构。这种行走机构往往是多轮式行走机构，如图3-10所示。

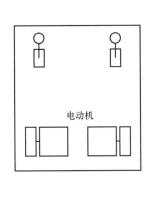

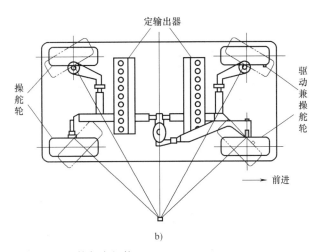

图 3-9　四轮行走机构

a）后轮分散驱动　b）四轮同步转向机构

3.2.3　履带式行走机构

履带式行走机构适合在天然路面行走，它是轮式行走机构的拓展，履带的作用是给车轮连续铺路。图 3-11 所示为双重履带式可转向行走机构的机器人。

图 3-10　越障轮式行走机构

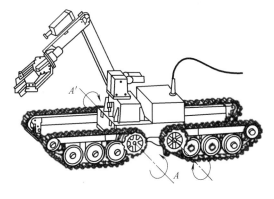

图 3-11　双重履带式可转向行走机构的机器人

1. 履带式行走机构的构成

（1）履带式行走机构的组成　履带式行走机构由履带、驱动轮、支承轮和张紧轮等组成，如图 3-12 所示。

（2）履带式行走机构的形状　履带式行走机构的形状有很多种，主要是一字形、倒梯形等，如图 3-13 所示。

一字形履带式行走机构的驱动轮及张紧轮兼做支承轮，增大了支承地面面积，改善了稳定性。倒梯形履带式行走机构中不做支承轮的驱动轮与张紧轮装得高于地面，适合穿越障碍。另外，因为减少了泥土夹入引起的损伤和失效，所以可以提高驱动轮和张紧轮的寿命。

2. 履带式行走机构的特点

履带式行走机构的优点：

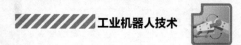

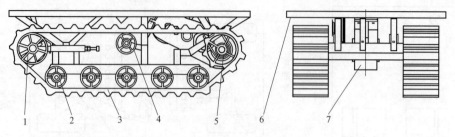

图 3-12　履带式行走机构的组成

1—张紧轮（导向轮）　2—支承轮　3—履带　4—托轮　5—驱动轮　6—机座安装台面　7—机架

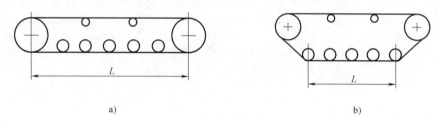

a)　　　　　　　　　　　　　　　　b)

图 3-13　履带式行走机构的形状

a）一字形　b）倒梯形

1）支承面积大，接地比压小，适合在松软或泥泞场地进行作业，下陷度小，滚动阻力小。

2）越野机动性好，可以在有些凹凸的地面上行走，可以跨越障碍物，能爬梯度不大的台阶，爬坡、越沟等性能均优于轮式行走机构。

3）履带支承面上有履齿，不易打滑，牵引附着性能好，有利于发挥较大的牵引力。

履带式行走机构的缺点：

1）由于没有自定位轮，没有转向机构，只能靠左右两个履带的速度差实现转弯，所以转向和前进方向都会产生滑动。

2）转弯阻力大，不能准确地确定回转半径。

3）结构复杂，质量大，运动惯性大，减振功能差，零件易损坏。

3.2.4　足式行走机构

轮式行走机构只有在平坦坚硬的地面上行驶才有理想的运动特性。如果地面凹凸与车轮直径相当或地面很软，则它的运动阻力将大大增加。履带式行走机构虽然可行走在不平的地面上，但它的适应性不够，行走时晃动太大，在软地面上行驶运动慢。大部分地面不适合传统的轮式或履带式车辆行走，但是，足式动物却能在这些地方行动自如，显然足式与轮式和履带式行走方式相比具有独特的优势。现有的行走式机器人的足数分别为单足、双足、三足、四足、六足、八足甚至更多。足的数目多，适合于重载和慢速运动。双足和四足具有良好的适应性和灵活性。足式行走机构如图 3-14 所示。

1. 双足行走式机器人

双足行走式机器人具有良好的适应性，也称为类人双足行走机器人。类人双足行走机构

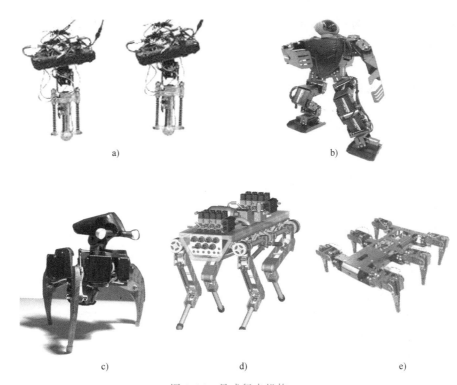

图 3-14　足式行走机构

a）单足机器人　b）双足机器人　c）三足机器人　d）四足机器人　e）六足机器人

是多自由度的控制系统，是现代控制理论很好的应用对象。这种机构除结构简单外，在保证静动行走性能、稳定性和高速运动等方面都是最困难的。

图 3-15 所示为双足行走式机器人行走机构原理图。在行走过程中，行走机构始终满足静力学的静平衡条件，也就是机器人的重心始终落在接触地面的一只脚上。行走式机器人的典型特征是不仅能在平地上行走，而且能在凹凸不平的地上步行，能跨越沟壑，上下台阶，具有广泛的适应性。难点是机器人跨步时自动转移重心而保持平衡的问题。为了能变换方向和上下台阶，一定要具备多自由度。图 3-16 所示为双足行走式机器人运动副简图。

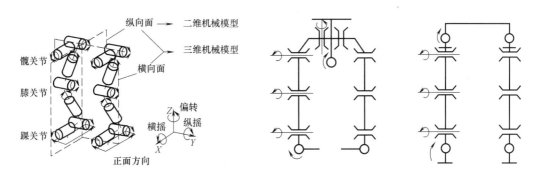

图 3-15　双足行走式机器人行走机构原理图　　　　图 3-16　双足行走式机器人运动副简图

2. 六足行走式机器人

六足行走式机器人是模仿六足昆虫行走的机器人，如图 3-14e 所示。每条腿有三个转动关节。行走时，三条腿为一组，足部端以相同位移移动，定时间间隔进行移动，可以实现 XY 平面内任意方向的行走和原地转动。

3.3 工业机器人的机身和臂部

机身和臂部相连，机身支承臂部，臂部又支承腕部和手部。机身一般用于实现升降、回转和仰俯等运动，常有一至三个自由度。

3.3.1 工业机器人的机身

1. 机身的典型结构

机身结构一般由工业机器人总体设计确定。圆柱坐标型工业机器人的回转与升降这两个自由度归属于机身；球（极）坐标型工业机器人的回转与俯仰这两个自由度归属于机身；关节坐标型工业机器人的腰部回转自由度归属于机身；直角坐标型工业机器人的升降或水平移动自由度也归属于机身。

（1）关节型机身的典型结构　关节型工业机器人机身只有一个回转自由度，即腰部的回转运动，腰部要支承整个机身绕机座进行旋转，在工业机器人六个关节中受力最大，也最复杂，既承受很大的轴向力、径向力，又承受倾覆力矩。按照驱动电动机旋转轴线与减速器旋转轴线是否在一条直线上，腰部关节电动机有同轴式和偏置式两种布置方案，如图 3-17a、b 所示。

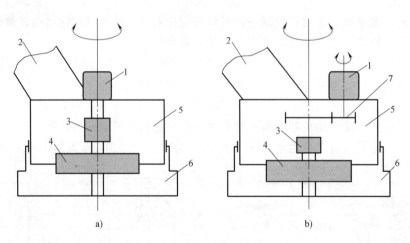

图 3-17　腰部关节电动机布置方案

a）同轴式　b）偏置式

1—驱动电动机　2—大臂　3—联轴器　4—减速器　5—腰部　6—机座　7—齿轮

腰部驱动电动机多采用立式倒置安装。在图 3-17a 中，驱动电动机 1 的输出轴与减速器 4 的输入轴通过联轴器 3 相连，减速器 4 的输出轴法兰与机座 6 相连并固定，这样减速器 4 的外壳将旋转，带动安装在减速器机壳上的腰部 5 绕机座 6 做旋转运动。在图 3-17b 中，从重力平衡的角度考虑，驱动电动机 1 与工业机器人大臂 2 相对安装，驱动电动机 1 通过一对外啮合齿轮 7 做一级减速，把运动传递给减速器 4，工作原理与图 3-17a 所示结构相同。

图 3-17a 所示的同轴式布置方案多用于小型工业机器人，而图 3-17b 所示的偏置式布置方案多用于中、大型工业机器人。腰关节多采用高刚性和高精度的 RV 减速器传动，RV 减速器内部有一对径向止推球轴承，其可承受工业机器人的倾覆力矩，能够满足在无机座轴承时抗倾覆力矩的要求，可取消机座轴承。工业机器人的腰部回转精度靠 RV 减速器的回转精度保证。

对于中、大型工业机器人，为方便走线，常采用中空型 RV 减速器，电动机输出轴齿轮与 RV 减速器输入端的中空齿轮相啮合，实现一级减速；RV 减速器的输出轴固定在机座上，减速器的外壳旋转实现二级减速，带动安装于其上的机身做旋转运动。

（2）液压（气压）驱动的机身　典型结构圆柱坐标型工业机器人机身具有回转与升降两个自由度，升降运动通常采用液压缸来实现，回转运动可采用以下几种驱动方案来实现。

1）采用摆动液压缸驱动，升降液压缸在回转液压缸下。因摆动液压缸安置在升降活塞杆的上方，故升降液压缸的活塞杆的尺寸要加大。

2）采用摆动液压缸驱动，回转液压缸在下，升降液压缸在上，相比之下，回转液压缸的驱动力矩要设计得大一些。

3）采用链条链轮传动机构。链条链轮传动可将链条的直线运动变为链轮的回转运动，它的回转角度可大于 360°。图 3-18a 所示为采用单杆活塞气缸驱动链条链轮传动机构实现机身回转运动的原理图。此外，也有用双杆活塞气缸驱动链条链轮传动机构回转的，如图 3-18b 所示。

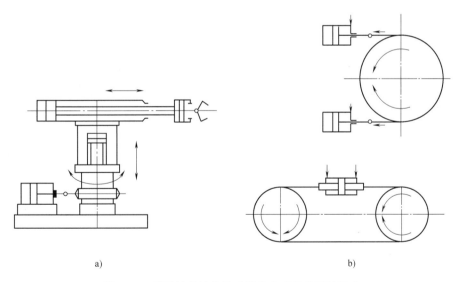

a)　　　　　　　　　　　　　　　　　　b)

图 3-18　利用链条链轮传动机构实现机身回转运动

a）单杆活塞气缸驱动链条链轮传动机构　b）双杆活塞气缸驱动链条链轮传动机构

球（极）坐标型工业机器人机身具有回转与俯仰两个自由度，回转运动的实现方式与圆柱坐标型工业机器人机身相同，而俯仰运动一般采用液压（气压）缸与连杆机构来实现。手臂俯仰运动用的液压缸位于手臂的下方，其活塞杆和手臂用铰链连接，缸体采用尾部耳环或中部销轴等方式与机身连接，如图 3-19 所示。此外，有时也采用无杆活塞缸驱动齿条齿轮或四连杆机构实现手臂的俯仰运动。

2. 机身驱动力与力矩的计算

（1）竖直升降运动驱动力的计算　机身做竖直运动时，除需克服摩擦力之外，还要克服其上运动部件的重量和其支承的手臂、手腕、手部及工件的总重量及升降运动的全部部件惯性力，故其驱动力 F_q 可按下式计算：

$$F_q = F_m + F_g \pm G \qquad (3-1)$$

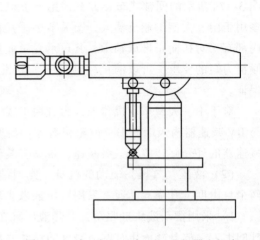

式中，F_m 为各支承处的摩擦力（N）；F_g 为起动时的总惯性力（N）；G 为运动部件的总重量（N）。式中的正、负号，上升时取为正，下降时取为负。

（2）回转运动驱动力矩的计算　回转运动的驱动力矩只包括两项：回转部件的摩擦总力

图 3-19　球（极）坐标型工业机器人机身

矩和机身上运动部件与其支承的手臂、手腕、手部及工件的总惯性力矩，故驱动力矩 M_q 可按下式计算：

$$M_q = M_m + M_g \qquad (3-2)$$

式中，M_m 为总摩擦阻力矩（N·m）；M_g 为各回转运动部件的总惯性力矩（N·m），且：

$$M_g = J_0 \frac{\Delta \omega}{\Delta t} \qquad (3-3)$$

式中，$\Delta \omega$ 为升速或制动过程中的角速度增量（rad/s）；Δt 为回转运动升速过程或制动过程经历的时间（s）；J_0 为全部回转零部件对机身回转轴的转动惯量（kg·m²）。如果零件轮廓尺寸不大，其重心到回转轴的距离较远，一般可将零件视为质点来计算它对回转轴的转动惯量。

（3）升降立柱下降不卡死（不自锁）的条件计算　工业机器人手臂在零部件与工件总重量的作用下有一个偏重力矩。所谓偏重力矩，是指臂部全部零部件与工件的总重量对机身回转轴的静力矩，其计算公式为

$$M = GL \qquad (3-4)$$

式中，G 为零部件及工件的总重量（N）；L 为偏重力臂（m），其大小按照下式计算：

$$L = \frac{\sum G_i L_i}{\sum G_i} \qquad (3-5)$$

式中，G_i 为零部件及工件的重量（N）；L_i 为零部件及工件的重心到机身回转轴的距离（m）。

各零部件的重量可以根据其结构形状和材料密度进行粗略计算。由于大多数零件采用对称形状的结构，其重心就在几何截面的几何中心上，因此，根据静力学原理可以求出由手臂零部件及工件结构的重心到机身立柱轴的距离，即偏重力臂，如图 3-20 所示。

当手臂悬伸行程最大时，其偏重力矩最大，故偏重力矩应按悬伸行程最大且握重最大时计算。

工业机器人手臂立柱支承导向套中有阻止手臂倾斜的力矩，显然偏重力矩对升降运动的灵活性有很大的影响。偏重力矩过大，会使支承导向套与立柱之间的摩擦力过大，从而造成

卡死现象的出现，此时必须增大升降驱动力，因此会导致相应的驱动及传动装置的结构庞大。如果依靠自重下降，则立柱可能卡死在导向套内，而不能做下降运动，这就是自锁。

　　故必须根据偏重力矩的大小确定立柱导向套的长短。根据升降立柱的平衡条件可知：

$$F_{N1}h = GL \qquad (3-6)$$

所以

$$F_{N1} = F_{N2} = G\frac{L}{h} \qquad (3-7)$$

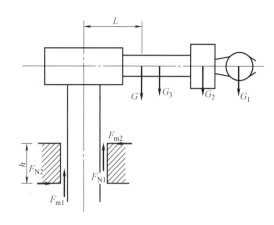

图 3-20　机器人手臂的偏重力矩

　　要使升降立柱在导向套内自由下降，臂部总重量 G 必须大于导向套与立柱之间的摩擦力 F_{m1} 和 F_{m2} 之和，因此立柱依靠自重下降而不会引起卡死的条件为

$$G > F_{m1} + F_{m2} = 2F_{N1}f = 2\frac{L}{H}Gf \qquad (3-8)$$

即

$$h > 2fL \qquad (3-9)$$

式中，h 为导向套的长度（m）；f 为导向套与立柱之间的摩擦因数，$f = 0.015 \sim 0.1$，一般取较大值；L 为偏重力臂（m）。

　　假如立柱是依靠驱动力进行升降的，则不存在立柱自锁（卡死）条件。

3.3.2　工业机器人的臂部

　　工业机器人的臂部主要包括臂杆以及与其伸缩、屈伸或自转等运动有关的传动装置、导向定位装置、支承连接和位置检测元件等。此外，还有与腕部或手臂的运动和连接支承等有关的构件、配管配线。根据运动和布局、驱动方式、传动和导向装置的不同，臂部可分为动伸缩臂、屈伸臂及其他专用的机械传动臂。

　　1. 臂部的运动

　　工业机器人要完成空间的运动，至少需要三个自由度的运动，即垂直移动、径向移动和回转运动。

　　（1）垂直移动　垂直移动是指工业机器人臂部的上下运动。这种运动通常采用液压缸机构或通过调整工业机器人机身在垂直方向上的安装位置来实现。

　　（2）径向移动　径向移动是指臂部的伸缩运动。工业机器人臂部的伸缩使其臂部的工作范围发生变化。

　　（3）回转运动　回转运动是指工业机器人绕铅垂轴的转动。这种运动决定了工业机器人的臂部所能达到的角度位置。

　　2. 工业机器人臂部的配置和驱动

　　（1）工业机器人臂部的配置　机身和臂部的配置形式基本上反映了工业机器人的总体布局。由于工业机器人的作业环境和场地等因素的不同，出现了各种配置形式。目前有横梁式、立柱式、机座式和屈伸式四种。

1）横梁式配置。机身设计成横梁式，横梁用于悬挂手臂部件，通常分为单臂悬挂式和双臂悬挂式两种，如图 3-21 所示。

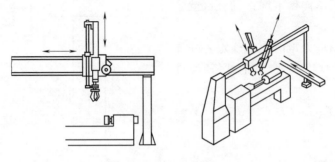

图 3-21　横梁式臂部配置

这类工业机器人的运动形式大多为移动式。它具有占地面积小、能有效利用空间、动作简单直观等优点。横梁可以是固定的，也可以是行走的，一般安装在厂房原有建筑的柱梁或有关设备上，也可从地面上架设。

2）立柱式配置。立柱式工业机器人多采用回转型、俯仰型或屈伸型的运动形式，是一种常见的配置形式。常分为单臂式和双臂式两种，如图 3-22 所示。

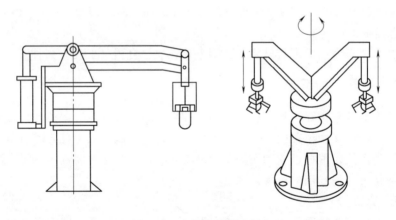

图 3-22　立柱式臂部配置

这类工业机器人的臂部一般都可以在水平面内回转，具有占地面积小、工作范围大的特点。立柱可以固定安装在空地上，也可以固定在床身上。立柱式工业机器人结构简单，服务于某种主机，承担上、下料或转运等工作。

3）机座式配置。机座式工业机器人可以是独立的、自成系统的完整装置，随意安放和搬动，也可以沿地面上的专用轨道移动，以扩大其活动范围。各种运动形式均可设计成机座，如图 3-23 所示。

4）屈伸式配置。工业机器人的臂部由大、小臂组成，大、小臂间有相对运动，称为屈伸臂。屈伸臂与机身一起，结合工业机器人的运动轨迹，既可以实现平面运动，也可以实现空间运动，如图 3-24 所示。

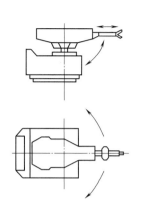
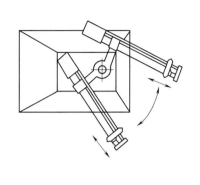
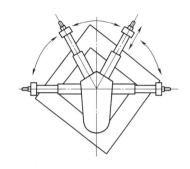

图 3-23　机座式臂部配置

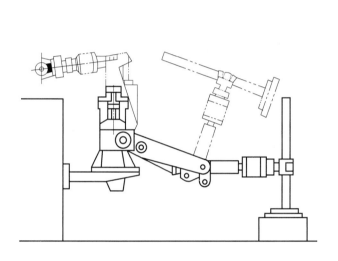
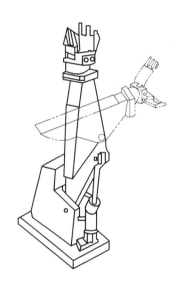

图 3-24　屈伸式臂部配置

（2）工业机器人臂部的驱动　工业机器人的臂部由大臂、小臂或多臂组成。手臂的驱动方式主要有液压驱动、气压驱动和电动机驱动等几种形式，其中电动机驱动形式最为通用。

当臂部伸缩机构行程小时，采用液（气）压缸直接驱动；当行程较大时，可采用液（气）压缸驱动齿轮齿条传动的倍增机构或步进电动机及伺服电动机驱动，也可用丝杠螺母或滚珠丝杠传动。为了增加臂部的刚性，防止臂部在伸缩运动时绕轴线转动或产生变形，臂部伸缩机构需设置导向装置或设计成方形、花键等形式的臂杆。常用的导向装置有单导向杆和双导向杆等，可根据臂部的结构、抓重等因素选取。

臂部的俯仰通常采用摆动液（气）压缸驱动、铰链连杆机构传动来实现；臂部回转与升降机构回转常采用回转缸与升降缸单独驱动，适用于升降行程短而回转角度小的情况，也有用升降缸与气动马达—锥齿轮传动的机构。

（3）关节型工业机器人臂部的典型结构　关节型工业机器人的臂部由大臂和小臂组成，大臂与机身相连的关节称为肩关节，大臂和小臂相连的关节称为肘关节。

1）肩关节电动机布置。肩关节要承受大臂、小臂、手部的重量和载荷，受到很大的力矩作用，也同时承受来自平衡装置的弯矩，应具有较高的运动精度和刚度，多采用高刚度的RV减速器传动。按照电动机旋转轴线与减速器旋转轴线是否在一条直线上，肩关节电动机布置方案也可分为同轴式和偏置式两种。

图 3-25 所示为肩关节电动机的布置方案，电动机和减速器均安装在机身上。图 3-25a 中肩关节电动机 1 与减速器 2 同轴相连，减速器 2 的输出轴带动大臂 3 实现旋转运动，多用于小型工业机器人；图 3-25b 中肩关节电动机 1 的轴与减速器 2 的轴偏置相连，电动机通过一对外啮合齿轮 5 做一级减速，把运动传递给减速器 2，减速器输出轴带动大臂 3 实现旋转运动，多用于中、大型工业机器人。

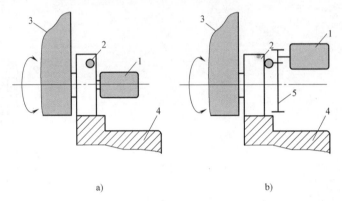

a)   b)

图 3-25　肩关节电动机的布置方案

a）同轴式　b）偏置式

1—肩关节电动机　2—减速器　3—大臂　4—机身　5—齿轮

2）肘关节电动机布置。肘关节要承受小臂、手部的重量和载荷，受到很大的力矩作用。肘关节也应具有较高的运动刚度和精度，多采用高刚度的 RV 减速器传动。按照电动机旋转轴线与减速器旋转轴线是否在一条直线上，肘关节电动机布置方案也可分为同轴式和偏置式两种。

图 3-26 所示为肘关节电动机的布置方案，电动机和减速器均安装在小臂上。图 3-26a 中肘关节电动机 1 与减速器 3 同轴相连，减速器 3 的输出轴固定在大臂 4 的上端，减速器 3 的外壳旋转带动小臂 2 做上下摆动，该方案多用于小型工业机器人；图 3-26b 中肘关节电动机 1 与减速器 3 偏置相连，电动机通过一对外啮合齿轮 5 做一级减速，把运动传递给减速器 3。由于减速器 3 的输出轴固定于大臂 4 上，所以外壳将旋转，带动安装于其上的小臂 2 做相对于大臂 4 的俯仰运动，该方案多用于中、大型工业机器人。

对于中、大型工业机器人，为方便走线，肘关节也常采用中空型 RV 减速器，电动机的轴齿轮与 RV 减速器的输入端的中空齿轮相啮合，实现一级减速，减速器的输出轴固定在大臂的上端，减速器的外壳旋转实现二级减速，带动安装于其上的小臂相对大臂做俯仰运动。

（4）液压（气压）驱动的臂部典型结构

1）手臂直线运动机构　工业机器人手臂的伸缩、横向移动均属于直线运动，实现手臂往复直线运动的机构形式比较多，常用的有液压（气压）缸、齿轮齿条机构、丝杠螺母机构及连杆机构等。由于液压（气压）缸的体积小，重量轻，因而在工业机器人的手臂结构

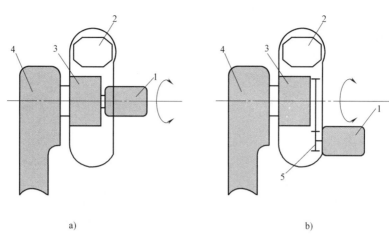

图 3-26　肘关节电动机的布置方案

a）同轴式　b）偏置式

1—肘关节电动机　2—小臂　3—减速器　4—大臂　5—齿轮

中应用比较多。

在手臂的伸缩运动中，为了使手臂移动的距离和速度按定值增加，可以采用齿轮齿条传动式倍增机构。图 3-27 所示为采用气压传动的齿轮齿条式增倍机构的手臂结构，活塞杆 3 左移时，与活塞杆 3 相连接的齿轮 2 也左移，并使运动齿条 1 一起左移；由于齿轮 2 与固定齿条 4 相啮合，因而齿轮在移动的同时，又在固定齿条 4 上滚动，并将此运动传给运动齿条 1，从而使运动齿条 1 又向左移一距离。因手臂固连于运动齿条 1 上，所以手臂的行程和速度均为活塞杆 3 的两倍。

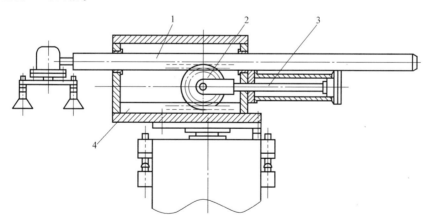

图 3-27　采用气压传动的齿轮齿条式增倍机构的手臂结构

1—运动齿条　2—齿轮　3—活塞杆　4—固定齿条

2）手臂回转运动机构。实现工业机器人手臂回转运动的机构形式多种多样，常用的有叶片式回转缸、齿轮传动机构、链轮传动机构、活塞缸和连杆机构等。

图 3-28 所示为利用齿轮齿条液压缸实现手臂回转运动的机构。液压油分别进入液压缸两腔，推动齿条活塞 2 往复移动，与齿条啮合的齿轮 1 即做往复回转运动。齿轮与手臂固连，从而实现手臂的回转运动。

　　图 3-29 所示为采用活塞油缸和连杆机构的一种双臂工业机器人手臂的结构。手臂的上、下摆动由铰接液压缸（活塞油缸）和连杆机构来实现。当液压缸 3 的两腔通液压油时，连杆 2（即活塞杆）带动曲柄 1（即手臂）绕轴心 O 做 90° 的上、下摆动。当手臂下摆到水平位置时，其水平和竖直方向的定位由支承架 4 上的定位螺钉 6 和 5 来调节。此手臂结构具有传动结构简单、紧凑和轻巧等特点。

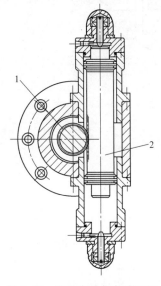

图 3-28　利用齿轮齿条液压缸
实现手臂回转运动的机构

1—齿轮　2—齿条活塞

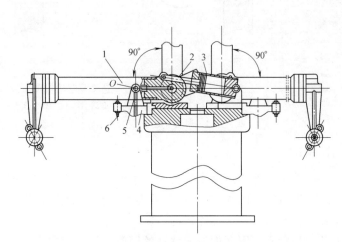

图 3-29　双臂工业机器人手臂的结构

1—手臂　2—活塞杆　3—液压缸
4—支承架　5、6—定位螺钉

　　3）MOTOMAN SV3 工业机器人的机身与臂部。MOTOMAN SV3 工业机器人的机身与臂部共有三个旋转自由度，分别是机身腰关节的旋转（S 轴）、大臂肩关节的摆动（L 轴）和小臂肘关节的摆动（U 轴），其关节旋转方向和结构如图 3-30 所示。机身的回转运动加上大

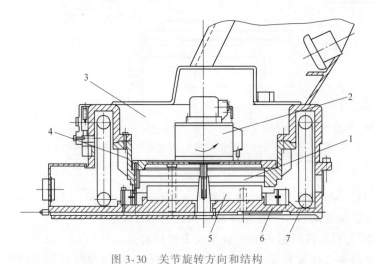

图 3-30　关节旋转方向和结构

1—RV 减速器　2—电动机　3—机身　4—壳体　5—输出盘　6—机座　7—支承轴承

臂和小臂的平面摆动，决定了工业机器人的作业范围。

腰关节 S 轴在竖直方向上，整个工业机器人的活动部分绕该轴回转。S 轴驱动电动机采用同轴式布置方案，其传动原理与图 3-17a 相似。图 3-30 所示为 S 轴驱动结构图，交流伺服电动机 2 和 RV 减速器 1 安装在工业机器人机身内部，电动机 2 与 RV 减速器 1 输入轴同轴相连，减速器输出轴固定，而减速器壳体 4 输出旋转运动。当电动机 2 转动时，由于减速器输出盘 5 与机座 6 固定，迫使减速器壳体 4 旋转，从而带动机身 3 转动，实现 S 轴的旋转运动。由于该 RV 减速器本身不带支承轴承，机身旋转体与固定机座间采用推力向心交叉短圆柱滚子轴承 7（支承轴承）进行支承。采用两个极限开关及死挡铁，限制 S 轴旋转的极限位置。

肩关节 L 轴呈水平位置，大臂绕 L 轴旋转，L 轴由交流伺服电动机驱动，通过谐波齿轮减速器减速，使大臂相对于腰部回转。肘关节 U 轴呈水平位置，在大臂的上方，L 轴的运动通过摆线针轮减速器减速后传动到关节，驱动小臂绕 U 轴回转。

3.4 工业机器人的腕部

3.4.1 工业机器人腕部的运动

1. 工业机器人腕部的运动方式

腕部是臂部与手部的连接部件，起支承手部和改变手部姿态的作用。为了使手部能处于空间任意方向，要求腕部能实现对空间三个坐标轴 X、Y、Z 的转动，即具有偏转、俯仰和回转三个自由度。图 3-31 所示为腕部的三个运动和坐标系，三个运动分别为：臂转、手转和腕摆。

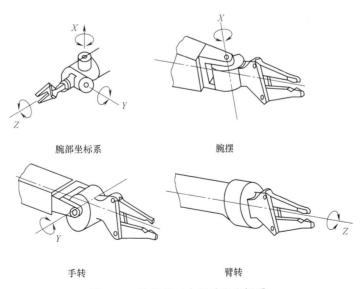

腕部坐标系　　　　　　　　　腕摆

手转　　　　　　　　　臂转

图 3-31　腕部的三个运动和坐标系

一般工业机器人只有具有六个自由度，才能使手部（末端执行器）达到目标位置和处于期望的姿态，使手部能处于空间任意方向，使腕部能实现对空间三个坐标轴 X、Y、Z 的

56

旋转运动。

2. 臂转

臂转是指腕部绕小臂轴线的转动，又称为腕部旋转。有些工业机器人限制其腕部转动角小于360°；另一些工业机器人则仅仅受到控制电缆缠绕圈数的限制，腕部可以转几圈。按腕部转动特点的不同，用于腕部关节的转动又可细分为滚转和弯转两种。滚转是指组成关节的两个零件自身的几何回转中心和相对运动的回转轴线重合，因而实现360°转动。滚动是无障碍旋转的关节运动，通常用 R 来标记，如图 3-32a 所示。弯转是指两个零件的几何回转中心和其相对转动轴线垂直的关节运动。由于受到结构限制，其相对转动角度一般小于360°。弯转通常用 B 来标记，如图 3-32b 所示。

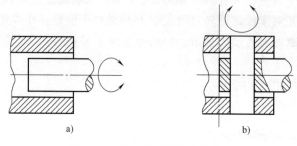

图 3-32　腕关节的滚转和弯转

3. 手转

手转是指腕部的上下摆动，这种运动也称为俯仰，又称为腕部弯曲，如图 3-31 所示。

4. 腕摆

腕摆指工业机器人腕部的水平摆动，又称为腕部侧摆。腕部的旋转和俯仰两种运动结合起来可以看成是侧摆运动，通常工业机器人的侧摆运动由一个单独的关节提供，如图 3-31 所示。

腕部结构多为上述三个回转方式的组合，组合的方式可以有多种形式，常用腕部组合的方式有臂转-腕摆-手转结构、臂转-双腕摆-手转结构等，如图 3-33 所示。

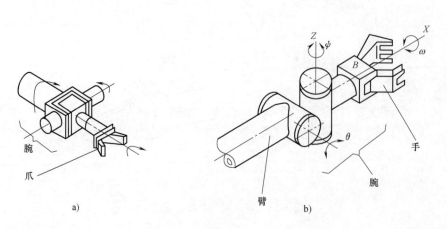

图 3-33　腕部的组合方式

a）臂转-腕摆-手转结构　b）臂转-双腕摆-手转结构

可见，滚转可以实现腕部的旋转，弯转可以实现腕部的弯曲，滚转和弯转的结合可以实现腕部的侧摆。

3.4.2　工业机器人腕部的分类

腕部按自由度个数可分为单自由度腕部、二自由度腕部和三自由度腕部。采用几个自由度的腕部应根据工业机器人的工作性能来确定。在有些情况下，腕部具有两个自由度：回转和俯仰或回转和偏转。一些专用机械手甚至没有腕部，但有的腕部为了特殊要求还有横向移动的自由度。

1. 单自由度腕部

（1）单一的臂转功能　腕部关节轴线与臂部的纵轴线共线，回转角度不受结构限制，可以回转 360°。该运动用滚转关节（R 关节）实现，如图 3-34a 所示。

（2）单一的手转功能　腕部关节轴线与臂部及手的轴线相互垂直，回转角度受结构限制，通常小于 360°。该运动用弯转关节（B 关节）实现，如图 3-34b 所示。

（3）单一的腕摆功能　腕部关节轴线与臂部及手的轴线在另一个方向上相互垂直，回转角度受结构限制。该运动用弯转关节（B 关节）实现，如图 3-34c 所示。

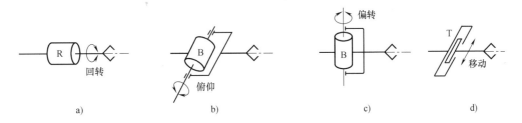

图 3-34　单自由度腕部

a）R 关节　b）B 关节　c）B 关节　d）T 关节

（4）单一的平移功能　腕部关节轴线与臂部及手的轴线在一个方向上成一平面，不能转只能平移。该运动用平移关节（T 关节）实现，如图 3-34d 所示。

2. 二自由度腕部

工业机器人腕部可以由一个滚转关节和一个弯转关节联合构成滚转弯转 BR 关节，或由两个弯转关节组成 BB 关节，但不能用两个滚转关节 RR 构成二自由度腕部，因为两个滚转关节的动是重复的，实际上只起到单自由度的作用，如图 3-35 所示。

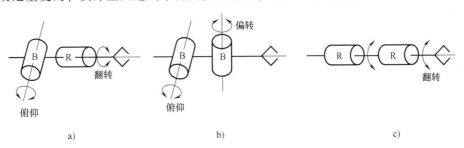

图 3-35　二自由度腕部

a）BR 关节　b）BB 关节　c）RR 关节（属于单自由度）

3. 三自由度腕部

由 R 关节和 B 关节组合构成的三自由度腕部可以有多种形式，实现臂转、手转和腕摆功能。可以证明，三自由度腕部能使手部取得空间任意姿态。图 3-36 所示为六种三自由度腕部的结合方式示意图。

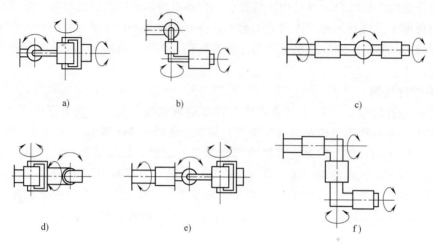

图 3-36　六种三自由度腕部的结合方式示意图
a）BBR　b）BRR　c）RBR　d）BRB　e）RBB　f）RRR

3.4.3　工业机器人腕部的典型结构

1. RBR 手腕的典型结构

对于中、大型负载工业机器人，小臂和电动机的重量也随之增加很多，考虑到动力平衡问题，手腕三轴驱动电动机应尽量靠近小臂的末端布置，并超过肘关节回转中心。图 3-37 所示为手腕三轴驱动电动机后置的典型传动原理，三轴驱动电动机内置于小臂后段 1 内，R 轴驱动电动机 D4 通过中空型 RV 减速器 R4，直接带动小臂前段 2 相对于后段旋转，实现 R 轴的旋转运动；B 轴驱动电动机 D5 通过两端带齿轮的薄壁套筒 3，将运动传递给 RV 减速器

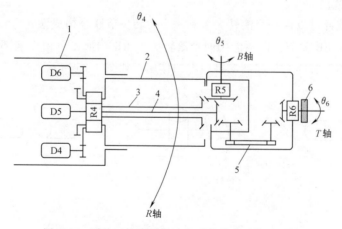

图 3-37　手腕三轴驱动电动机后置的典型传动原理

1—小臂后段　2—小臂前段　3—薄壁套筒　4—细长轴　5—同步带　6—法兰盘

R5，由减速器 R5 的输出轴带动手腕摆动，实现 B 轴的旋转运动；T 轴驱动电动机 D6 通过细长轴 4 和一对锥齿轮，再通过带传动装置和一对锥齿轮，将运动传递给 RV 减速器 R6，由减速器 R6 的输出轴直接带动手腕法兰盘 6 转动，实现 T 轴的旋转运动。手腕三轴电动机可以呈三角形布置，也可以布置在一条线上。

2. RRR 手腕的典型结构

RRR 手腕的三个关节轴线不相交于一点，与 RBR 手腕相比，其优点是三个关节均可实现 360°的旋转，周转、灵活性和空间作业范围都得以增大。由于其手腕灵活性强，特别适合于进行复杂曲面及狭小空间内的喷涂作业，能够高效、高质量地完成涂装任务。RRR 手腕按其相邻关节轴线夹角又可以分为正交型手腕（相邻轴线夹角 90°）和偏交型手腕两种，如图 3-38 所示。

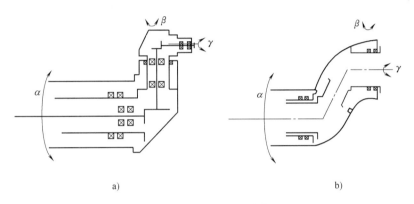

图 3-38　RRR 手腕的常用结构原理图
a）正交型　b）偏交型

在实际喷涂作用中，需要接入气路、液路、电路等管线，若这些管线悬于工业机器人手臂外部，容易造成管线与喷涂对象之间的干涉，附着在管线上涂料的滴落也会对喷涂产品质量和生产安全造成影响。针对涂装工艺的特殊要求，中空结构的 RRR 手腕得到了广泛应用。安装中空手腕后，各种管线就可以从工业机器人手腕内部穿过与喷枪连接，使工业机器人变得整洁且易于维护。由于偏交 RRR 手腕中的管路弯曲角度较小，非相互垂直，不容易堵塞甚至折断管道，因而具有中空结构的偏交 RRR 手腕最适合于喷涂工业机器人。

3. 液压（气压）驱动的手腕典型结构

如果采用液压（气压）传动，选用摆动液压（气压）缸或液压（气压）马达来实现旋转运动，将驱动元件直接装在手腕上，可以使结构十分紧凑。图 3-39 所示为 Moog 公司的一种采用液压直接驱动的 BBR 手腕，设

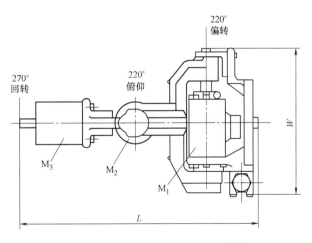

图 3-39　液压直接驱动的 BBR 手腕

计紧凑巧妙。其中 M_1、M_2、M_3 是液压马达，直接驱动实现手腕的偏转、俯仰和回转三个自由度的轴。这种直接驱动手腕的性能好坏的关键在于能否选到尺寸小、重量轻而驱动力矩大、驱动特性好的摆动液压缸或液压马达。

　　4. 工业机器人的柔顺腕部

　　一般来说，在用工业机器人进行精密装配作业中，当被装配零件不一致，工件定位夹具的定位精度不能满足装配要求时，会导致装配困难。这就要求在装配动作时具有柔顺性，柔顺装配技术有两种：主动柔顺装配和被动柔顺装配。

　　（1）主动柔顺装配　主动柔顺装配检测、控制的角度，采取各种路径搜索方法，可以实现边校正边装配。例如，在手爪上安装视觉传感器、力传感器等检测元件，这种柔顺装配称为主动柔顺装配。主动柔顺装配需配备一定功能的传感器，价格较贵。

　　（2）被动柔顺装配　主动柔顺是利用传感器反馈的信息来控制手爪的运动，以补偿其位姿误差。而被动柔顺是利用不带动力的机构来控制手爪的运动，以补偿其位置误差。在需要被动柔顺装配的工业机器人结构中，一般是在腕部配置一个角度可调的柔顺环节，以满足柔顺装配的需要。这种柔顺装配技术称为被动柔顺装配，被动柔顺装配腕部结构比较简单，价格比较便宜，装配速度快。与主动柔顺装配技术相比，被动柔顺装配要求装配件要有倾角，允许的校正补偿量受到倾角的限制，轴孔间隙不能太小。采用被动柔顺装配技术的工业机器人腕部称为工业机器人的柔顺腕部，如图 3-40 所示。

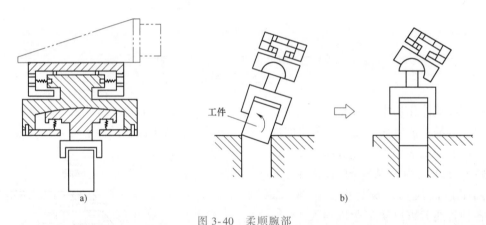

图 3-40　柔顺腕部
a）腕部向上柔顺　b）腕部向下柔顺

　　图 3-40a 所示为腕部向上柔顺，工作位于上方，腕部柔顺可以实现上方工件的摆动和旋转运动。图 3-40b 所示为腕部向下柔顺，腕部末端机械手抓取工件，借助柔顺腕部可以实现工件在下方的摆动和旋转运动。

3.5　工业机器人的末端执行器

3.5.1　末端执行器的特点

　　工业机器人的末端执行器也称为工业机器人的手部。工业机器人的手部是装在工业机器人手腕上直接抓握工件或执行作业的部件。

工业机器人的手部具有以下特点：

（1）手部与手腕相连处可拆卸 手部与手腕间有机械接口，也可能有电、气、液接头，当工业机器人作业对象不同时，可以方便地拆卸和更换手部。

（2）手部是工业机器人的末端操作器 它可以像人手那样具有手指，也可以不具备手指；可以是类人的手爪，也可以是进行专业作业的工具，如装在工业机器人手腕上的喷漆枪、焊具等，如图 3-41 所示。

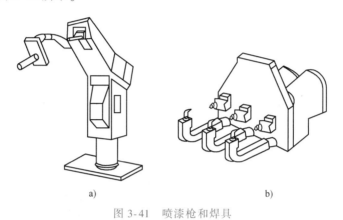

图 3-41 喷漆枪和焊具

a）喷漆枪 b）焊具

（3）手部的通用性比较差 工业机器人的手部通常是专用的装置，一种手爪往往只能抓握在形状、尺寸、重量等方面相近似的工件，只能执行一种作业任务。

（4）手部是一个独立的部件 假如把手腕归属于臂部，那么工业机器人机械系统的三大件就是机身、臂部和手部。手部是决定整个工业机器人作业完成好坏、作业柔性好坏的关键部件之一。

3.5.2 手部的分类

由于手部要完成的作业任务繁多，手部的类型也多种多样。根据其用途，手部可分为手爪和工具两大类。手爪具有一定的通用性，它的主要功能是抓住工件、握持工件、释放工件。工具用于进行某种作业。

根据其夹持原理，手部又可分为机械钳爪式和吸附式两大类。其中吸附式手部又可分为磁力吸附式和真空吸附式两类。吸附式手部机构的功能超出了人手的功能范围。在实际应用中，还有少数特殊形式的手部。

1. 机械钳爪式手部结构

机械钳爪式手部按夹取的方式，可分为内撑式和外夹式两种，两者的区别在于夹持工件的部位不同，手爪动作的方向相反。

由于采用两爪内撑式手部夹持时不易达到稳定，工业机器人多用内撑式三指钳爪来夹持工件，如图 3-42 所示。

按机械结构特征、外观与功用来区分，钳爪式手部还有多种结构形式，下面介绍几种不同形式的手部机构。

（1）齿轮齿条移动式手爪　如图 3-43 所示。

（2）重力式钳爪　如图 3-44 所示。

（3）平行连杆式钳爪　如图 3-45 所示。

（4）拨杆杠杆式钳爪　如图 3-46 所示。

（5）自动调整式钳爪　如图 3-47 所示。自动调整式钳爪的调整范围为 0~10mm，适用于抓取多种规格的工件，当更换产品时可更换 V 形钳爪。

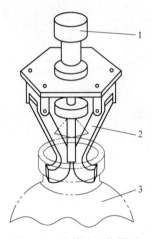

图 3-42　内撑式三指钳爪

1—手指驱动电磁铁　2—钳爪

3—工件

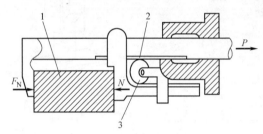

图 3-43　齿轮齿条移动式手爪

1—工件　2—齿条　3—齿轮

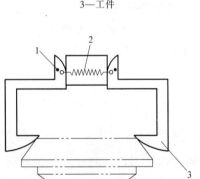

图 3-44　重力式钳爪

1—销　2—弹簧　3—钳爪

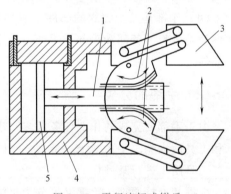

图 3-45　平行连杆式钳爪

1—齿条　2—扇形齿轮　3—钳爪

4—气压（液压）缸　5—活塞

（6）特殊形式手指　工业机器人手爪和手腕中形式最完美的是模仿人手的多指灵巧手，如图 3-48 所示。多指灵巧手有多个手指，每个手指有三个回转关节，每个关节的自由度都是独立控制的，因此，几乎人手指能完成的复杂动作（如拧螺钉、弹钢琴、做礼仪手势等）它都能完成。在手部配置有触觉、力觉、视觉、温度传感器，可使多指灵巧手更趋于完美。多指灵巧手的应用前景十分广泛，可在各种极限环境下完成人无法实现的操作，如在核工业领域内，在宇宙空间，在高温、高压、高真空环境下作业等。

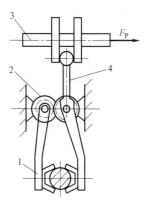

图 3-46　拨杆杠杆式钳爪

1—钳爪　2—齿轮　3—驱动杆　4—拨杆

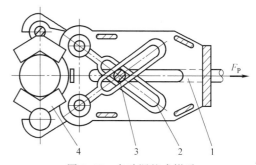

图 3-47　自动调整式钳爪

1—推杆　2—滑槽　3—轴销　4—V 形钳爪

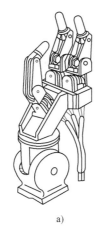　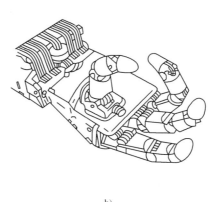

a)　　　　　　　　b)

图 3-48　多指灵巧手

a) 三指　b) 四指

2. 吸附式手部结构

吸附式手部即为吸盘，主要有磁力吸附式和真空吸附式两种。

（1）磁力吸附式　磁力吸盘是在手部装上电磁铁，通过磁场吸力把工件吸住，有电磁吸盘和永磁吸盘两种。

图 3-49a 所示为电磁吸盘的工作原理。当线圈 1 通电后，在铁心 2 内外产生磁场，磁力线经过铁心、空气隙和衔铁 3 被磁化并形成回路，衔铁受到电磁吸力的作用被牢牢吸住。实际使用时，往往采用如图 3-49b 所示的盘式电磁铁。其衔铁是固定的，在衔铁内用隔磁材料将磁力线切断，当衔铁接触由铁磁材料制成的工件时，工件将被磁化，形成磁回路并受到电磁吸力而被吸住。一旦断电，电磁吸力即消失，工件因此被松开。若采用永久磁铁作为吸盘，则必须强制性取下工件。

磁力吸盘只能吸住由铁磁材料制成的工件，吸不住采用非铁磁质金属和非金属材料制成的工件。磁力吸盘的缺点是被吸取过的工件上会有剩磁，且吸盘上常会吸附一些铁屑，致使其不能可靠地吸住工件。磁力吸盘只适用于工件对磁性要求不高或有剩磁也无妨的场合。对于不准有剩磁的工件，如钟表零件及仪表零件，不能选用磁力吸盘。所以，磁力吸盘的应用

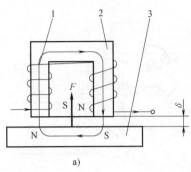

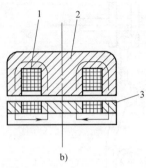

图 3-49 电磁吸盘的工作原理和盘式电磁铁

a) 电磁吸盘的工作原理 b) 盘式电磁铁

1—线圈 2—铁心 3—衔铁

有一定的局限性，在工业机器人中使用较少。

磁力吸盘的设计计算主要是电磁吸盘中电磁铁吸力的计算，其中包括铁心截面积、线圈导线直径、线圈匝数等参数的设计。此外，还要根据实际应用环境选择工作情况系数和安全系数。

（2）真空吸附式　真空吸附式手部主要用于搬运体积大、重量轻（如冰箱壳体、汽车壳体等），易碎（如玻璃、磁盘等），体积微小（不易抓取）的物体，在工业自动化生产中得到了广泛的应用。一个典型的真空吸附式手部系统由真空源、控制阀、真空吸盘及辅件组成。下面介绍真空吸附式手部系统设计的关键问题。

1）真空源的选择。真空源是真空系统的"心脏"部分，可分为真空泵和真空发生器两大类。

真空泵是比较常用的真空源，长期以来广泛地应用于工业和生活的各个方面。真空泵的结构和工作原理与空气压缩机相似，不同的是真空泵的进气口是负压，排气口是大气压。真空吸附系统一般对真空度要求不高，属于低真空范围，主要使用各种类型的机械式真空泵。

真空发生器是一种新型的真空源，它以压缩空气为动力源，利用气体在文丘里管中流动，在管口喷射高速气体对周围气体的卷吸作用来产生真空。真空发生器的工作原理与图形符号如图 3-50 所示。真空发生器本身无运动部件、不发热、结构简单、价格便宜，因此在某些应用场合有代替真空泵的趋势。对于一个确定的真空吸附系统，应从以下三方面考虑真空源的选择：①如果有压缩

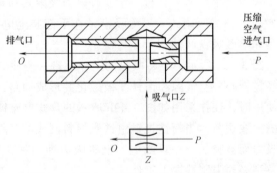

图 3-50 真空发生器的工作原理与图形符号

空气源，则选用真空发生器，这样可以不增加新的动力源，从而可简化设备结构；②对于真空连续工作的场合，优先选用真空泵；对于真空间歇工作的场合，可选用真空发生器；③对于易燃、易爆、多尘埃的恶劣工作环境，优先选用真空发生器。

2）吸盘的结构。真空吸盘按结构可分为普通型和特殊型两大类。

普通型吸盘一般用来吸附表面光滑平整的工件，如玻璃、瓷砖、钢板等。吸盘的材料有丁腈橡胶、硅橡胶、聚氨酯、氟橡胶等。要根据工作环境对吸盘耐油、耐水、耐腐、耐热、耐寒等性能的要求，选择合适的材料。普通型吸盘橡胶部分的形状一般为碗状，但异形的也可使用，这要视工件的形状而定。吸盘的形状可为长方形、圆形和圆弧形等。

常用的几种普通型吸盘的结构如图 3-51 所示。图 3-51a 所示为普通型直进气吸盘，靠头部的螺纹可直接与真空发生器的吸气口相连，使吸盘与真空发生器成为一体，结构非常紧凑。图 3-51b 所示为普通型侧向进气吸盘，其弹簧用来缓冲吸盘部件的运动惯性，可减小对工件的撞击力。图 3-51c 所示为带支承楔的吸盘，这种吸盘结构稳定，变形量小，并能在竖直吸吊物体时产生更大的摩擦力。图 3-51d 所示为采用金属骨架，由橡胶压制而成的碟形大直径吸盘，吸盘作用面采用双重密封结构面，大径面为轻吮吸起动面，小径面为吸牢有效作用面。柔软的轻吮吸起动使得吸着动作特别轻柔，不伤工件，且易于吸附。图 3-51e 所示为波纹形吸盘，其可利用波纹的变形来补偿高度的变化，往往用于吸附工件高度变化的场合。图 3-51f 所示为球铰式吸盘，吸盘可自由转动，以适应工件吸附表面的倾斜，转动范围可达 30°~50°，吸盘体上的抽吸孔通过贯穿球节的孔，与安装在球节端部的吸盘相通。

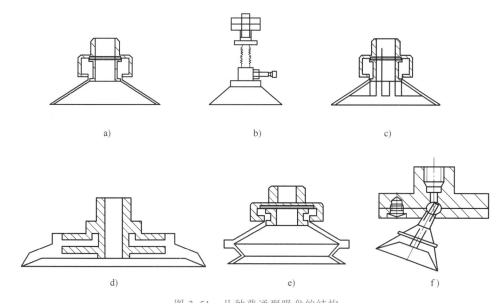

图 3-51　几种普通型吸盘的结构

a）普通型直进气吸盘　b）普通型侧向进气吸盘　c）带支承楔的吸盘
d）碟形大直径吸盘　e）波纹形吸盘　f）球铰式吸盘

3）吸盘的吸附能力。真空吸附技术以大气压为作用力，通过真空源抽出一定量的气体分子，使吸盘与工件形成的密闭容积内压力降低，从而使吸盘的内外形成压力差，如图 3-52 所示。

在压力差的作用下，吸盘被压向工件，从而把工件吸起。吸盘所产生的吸附力为

$$F_w = \frac{pA}{f} \times 1.778 \times 10^{-4} \qquad (3\text{-}10)$$

66

式中，F_w 为吸附力（N）；p 为吸盘内真空度（Pa）；A 为吸盘的有效吸附面积（m²）；f 为安全系数。

通常，吸盘的有效吸附面积取为吸盘面积的 80% 左右，真空度取为真空泵产生的最大值的 90% 左右。安全系数随使用条件而异，水平吸附时取 $f \geqslant 4$，竖直吸附时取 $f \geqslant 8$。在确定安全系数时，除上述条件外，还应考虑以下因素：①工件吸附表面的表面粗糙度；②工件表面是否有油分附着；③工件移动的加速度；④工件重心与吸附力作用线是否重合；⑤工件的材料。可根据实际情况再增加 1~2 倍。

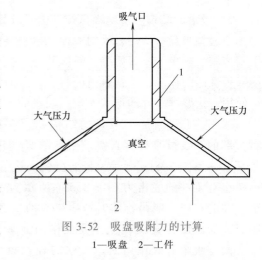

图 3-52　吸盘吸附力的计算
1—吸盘　2—工件

3.6　工业机器人的传动机构

3.6.1　工业机器人的驱动方式

驱动机构用于把驱动元件的运动传递到工业机器人的关节和动作部位。按实现的运动方式，工业机器人的传动机构可分为直线传动机构和旋转传动机构两种。传动机构的运动可以由不同的驱动方式来实现。

工业机器人常用的驱动方式主要有液压驱动、气压驱动和电气驱动三种基本类型。工业机器人出现的初期，由于其大多采用曲柄机构和连杆机构等，所以较多使用液压与气压驱动方式。但随着对工业机器人作业速度的要求越来越高，以及工业机器人的功能日益复杂化，目前采用电气驱动的工业机器人所占比例越来越大。但在需要功率很大的应用场合，或运动精度不高、有防爆要求的场合，液压、气压驱动仍应用较多。

液压驱动的特点是功率大，结构简单，可省去减速装置，能直接与被驱动的杆件相连，响应快；伺服驱动具有较高的精度，但需要增设液压源，而且易产生液体泄漏，故目前多用于特大功率的工业机器人系统。

气压驱动的能源、结构都比较简单，但与液压驱动相比，在相同体积条件下其功率较小，而且速度不易控制，所以多用于精度要求不高的点位控制系统。

电气驱动是指利用电动机直接或通过机械传动装置来驱动执行机构，其所用能源简单，机构速度变化范围大，效率高，速度和位置精度都很高，且具有使用方便、噪声低和控制灵活的特点，在工业机器人中得到了广泛应用。

根据选用电动机及配套驱动器的不同，电气驱动系统大致分为步进电动机驱动系统、直流伺服电动机驱动系统和交流伺服电动机驱动系统等。步进电动机多为开环控制，控制简单但功率不大，多用于低精度、小功率的工业机器人系统；直流伺服电动机易于控制，有较理想的机械特性，但其电刷易磨损，且易形成火花；交流伺服电动机结构简单，运行可靠，可频繁起动、制动，没有无线电干扰。交流伺服电动机与直流伺服电动机相比较又具有以下特点：没有电刷等易损元件，外形尺寸小，能在重载下高速运行，加速性能好，能实现理想动态控制和平滑运动，但控制较复杂。目前，常用的交流伺服电动机有交流永磁伺服电动机（PMSM）、感应异步电动机（IM）、无刷直流电动机（BLDC）等。交流伺服电动机已逐渐成为工业机器人的主流驱动方式。

3.6.2　机器人的传动机构

1. 直线传动机构

工业机器人采用的直线驱动方式包括直角坐标结构的 X、Y、Z 三个方向的驱动，圆柱坐标结构的径向驱动和垂直升降驱动，以及极坐标结构的径向伸缩驱动。直线运动可以直接由气压缸或液压缸和活塞产生，也可以采用齿轮齿条、丝杠、螺母等传动元件由旋转运动转换得到。

（1）齿轮齿条装置　通常齿条是固定不动的，当齿轮转动时，齿轮轴连同拖板沿齿条方向做直线运动，这样，齿轮的旋转运动就转换成拖板的直线运动，如图 3-53 所示，拖板是由导向杆或导轨支承的，该装置的回差较大。

（2）普通丝杠　普通丝杠驱动采用一个旋转的精密丝杠驱动一个螺母沿丝杠轴向移动，从而将丝杠的旋转运动转换成螺母的直线运动。由于普通丝杠的摩擦力较大、效率低、惯性大、在低速时容易产生爬行现象、精度低、回差大，所以在工业机器人中很少采用。

（3）滚珠丝杠　在工业机器人中经常采用滚珠丝杠，这是因为滚珠丝杠的摩擦力很小且运动响应速度快。由于滚珠丝杠螺母的螺旋槽里放置了许多滚珠，丝杠在传动过程中所受的是滚动摩擦力，且摩擦力较小，因此传动效率高，同时可消除低速运动时的爬行现象，在装配时施加一定的预紧力，即可消除回差。

如图 3-54 所示，滚珠丝杠中的滚珠从钢套管中出来，进入经过研磨的导槽，转动 2-3 圈以后，返回钢套管，滚珠丝杠的传动效率可以达到 90%，所以只需要使用极小的驱动力，并采用较小的驱动连接件，就能够传递运动。通常，人们还使用两个背靠背的双螺母对滚珠丝杠进行加载，以消除丝杠和螺母之间的间隙，提高运动精度。

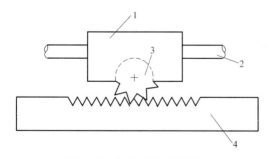

图 3-53　齿轮齿条传动装置
1—拖板　2—导向杆　3—齿轮　4—齿条

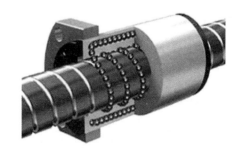

图 3-54　滚珠丝杠传动装置

（4）液压（气压）缸　液压（气压）缸是将液压泵（空气压缩机）输出的压力能转化为机械能，做直线往复运动的执行元件，使用液压（气压）缸可以很容易地实现直线运动。液压（气压）缸主要由缸筒、缸盖、活塞、活塞杆和密封装置等部件构成，活塞和缸筒采用精密滑动配合，液压油（压缩空气）从液压（气压）缸的一端进入，把活塞推向液压（气压）缸的另一端，从而实现直线运动。通过两端进入液压（气压）缸液压油（压缩空气）的流动方向和流量可以控制液压。

早期的许多工业机器人采用的都是由伺服阀控制的液压缸，用以产生直线运动。液压缸功率大，结构紧凑，虽然高性能的伺服阀价格较贵，但采用伺服阀时不需要把旋转运动转换成直线运动，可以节省转换装置的费用。美国 Unimation 公司生产的工业机器人采用直线液压缸作为径向驱动源，Versican 工业机器人也使用直线液压缸作为圆柱坐标型工业机器人的垂直驱动源和径向驱动源。目前，高效专用设备和自动线大多采用液压驱动，因此配合其作业的工业机器人可直接使用主设备的动力源。

2. 旋转传动机构

多数普通电动机和伺服电动机都能够直接产生旋转运动，但其输出力矩比所要求的力矩小，转速比所要求的转速高，因此需要采用齿轮、链、带传动装置或其他运动传动机构，把较高的转速转换成较低的转速，并获得较大的力矩。有时也采用液压缸或气压缸作为动力源，这就需要把直线运动转换成旋转运动，运动的传递和转换必须高效率地完成，并且不能有损于工业机器人系统所需要的特性，特别是定位精度、重复定位精度和可靠性。通过下列设备可以实现运动的传递和转换。

3.6.3 工业机器人中主要使用的减速器

在实际应用中，驱动电动机的转速非常高，达到每分钟几千转，但机械本体的动作较慢，减速后要求输出转速为每分钟几百转，甚至低至每分钟几十转，所以减速器在工业机器人的驱动中是必不可少的。由于工业机器人的特殊结构，对减速器提出了较高要求：①减速比要大，可达数百；②重量要轻，结构要紧凑；③精度要高，回差要小。目前，在工业机器人中主要使用的减速器是谐波齿轮减速器和 RV 减速器两种。

1. 谐波齿轮减速器

虽然谐波齿轮已问世多年，但直到近年来人们才开始广泛地使用它。目前，工业机器人的旋转关节有 60%~70% 使用的都是谐波齿轮传动。谐波齿轮减速器由刚性齿轮、谐波发生器和柔性齿轮三个主要零件组成，如图 3-55 所示。工作时，刚性齿轮 6 固定安装，各齿均布于圆周上，具有外齿圈 2 的柔性齿轮 5 沿刚性齿轮内齿圈 3 转动，柔性齿轮比刚性齿轮少两个齿，所以柔性齿轮沿刚性齿轮每转一圈就反方向转过两个齿的相应转角。谐波发生器 4 具有椭圆形轮廓，装在其上的滚珠用于支承柔性齿轮，谐波发生器驱动柔性齿轮旋转并使之发生塑性变形。转动时，柔性齿轮的椭圆形端只有少数齿与刚性齿轮啮合，只有这样，柔性齿轮才能相对于刚性齿轮自由地转过一定的角度。通常，刚性齿轮固定，谐波发生器作为输入端，柔性齿轮与输出轴相连。

谐波齿轮传动的传动比计算公式为

$$i = (z_2 - z_1)/z_2 \tag{3-11}$$

式中，z_1 为柔性齿轮齿数；z_2 为刚性齿轮齿数。

假设刚性齿轮有 100 个齿，柔性齿轮比它少两个齿，则当谐波发生器转 50 圈时，柔性齿轮转 1 圈，这样，只占用很小的空间就可得到 1∶50 的减速比。由于同时啮合的齿数较多，谐波发生器的力矩传递能力强，在刚性齿轮、谐波发生器、柔性齿轮三个零件中，尽管任何两个都可以选为输入元件和输出元件，但通常总是把谐波发生器装在输入轴上，把柔性齿轮装在输出轴上，以获得较大的减速比。

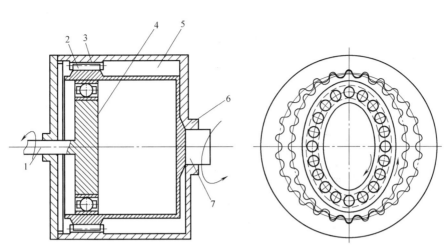

图 3-55　谐波齿轮减速器

1—输入轴　2—柔性齿轮外齿圈　3—刚性齿轮内齿圈　4—谐波发生器
5—柔性齿轮　6—刚性齿轮　7—输出轴

由于自然形成的预加载谐波发生器啮合齿数较多，齿的啮合比较平稳，谐波齿轮传动的齿隙几乎为零，因此传动精度高，回差小。但是，由于所用齿轮的刚度较差，承载后会出现较大的扭转变形，从而会引起一定的误差。不过，对于多数应用场合，这种变形将不会引起太大的问题。

谐波齿轮减速器的特点如下：

1）结构简单，体积小，重量轻。

2）传动比范围大，单级谐波齿轮减速器传动比可在 50～300 之间，优选在 75～250 之间。

3）运动精度高，承载能力大，由于是多齿啮合，与相同精度的普通齿轮相比，其运动精度能提高四倍左右，承载能力也大大提高。

4）运动平稳，无冲击，噪声小。

5）齿侧间隙可以调整。

2. RV 减速器

RV（rot-vector）减速器由第一级渐开线圆柱齿轮行星减速机构和第二级摆线针轮行星减速机构两部分组成，为一封闭差动轮系。RV 减速器具有结构紧凑、传动比大、振动小、噪声低、能耗低的特点，日益受到国内外的广泛关注。与工业机器人中常用的谐波齿轮减速器相比，其具有高疲劳强度和寿命，而且回差精度稳定，不像谐波齿轮减速器那样随着使用时间的增长运动精度就会显著降低，故 RV 减速器在高精度工业机器人传动中得到了广泛的应用。

（1）结构组成　RV 减速器的结构与传动简图如图 3-56 所示。其主要由以下几个构件组成。

1）太阳轮。太阳轮 9 与输入轴连接在一起，以传递输入功率，且与行星轮 8 互相啮合。

2）行星轮。行星轮 8 与曲柄轴 6 相连接，$n \geqslant 2$ 个（图 3-56 中为 3 个）行星轮均匀分布在一个圆周上，起着功率分流的作用，即将输入功率分成 n 路传递给摆线针轮行星机构。

3）曲柄轴。曲柄轴6的一端与行星轮8相连接，另一端与支承圆盘7相连接，再用圆锥滚子轴承支承，它是摆线轮4的旋转轴，既带动摆线轮进行公转，同时又支承摆线轮产生自转。

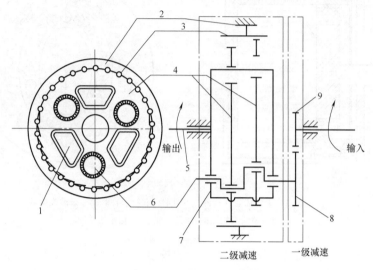

图 3-56　RV 减速器的结构与传动简图

1—输出块　2—针齿壳体　3—针齿　4—摆线轮　5—输出轴
6—曲柄轴　7—支承圆盘　8—行星轮　9—太阳轮

4）摆线轮。摆线轮4的齿廓通常为短幅外摆线的内侧等距曲线，为了实现径向力的平衡，一般采用两个结构完全相同的摆线轮，通过偏心套安装在曲柄轴的曲柄处，偏心相位差为180°。在曲柄轴6的带动下，摆线轮4与针齿3相啮合，既产生公转，又产生自转。

5）针齿销。数量为 N 个的针齿销，固定安装在针齿壳体上，构成针轮，与摆线轮相啮合而形成摆线针轮行星传动，一般针齿销的数量比摆线轮的齿数多一个。

6）针齿壳体（机架）。即针齿销的安装壳体。通常针齿壳体2固定，输出轴5旋转。如果输出轴固定，则针齿壳体旋转，两者之间由内置轴承支承。

7）输出轴。输出轴5与支承圆盘7相互连接成为一个整体，在支承圆盘7上均匀分布 n 个曲柄轴的轴承孔和输出块1的支承孔（图3-57中各为3个）。在三对曲柄轴支承轴承推动下，通过输出块和支承圆盘，将摆线轮上的自转矢量以 1:1 的速比传递出来。

（2）工作原理　驱动电动机的旋转运动由太阳轮9传递给行星轮8，进行第一级减速。行星轮8的旋转运动传递给曲柄轴6，使摆线轮4产生偏心运动。当针轮固定（与机架连成一体）时，摆线轮4一边随曲柄轴6产生公转，一边与针轮相啮合。由于针轮固定，摆线轮在与针轮啮合的过程中，产生一个绕输出轴5旋转的反向自转运动，这个运动就是RV减速器的输出运动。

通常摆线轮的齿数比针齿销数少一个，且齿距相等，如果曲柄轴旋转一圈，摆线轮与固定的针轮相啮合，沿与曲柄轴相反的方向转过一个针齿销，形成自转，其工作原理如图3-57所示。摆线轮的自转运动通过支承圆盘上的输出块带动输出轴运动，实现第二级减速输出。

（3）RV减速器的主要特点　RV减速器具有两级减速装置和曲轴采用了中心圆盘支承

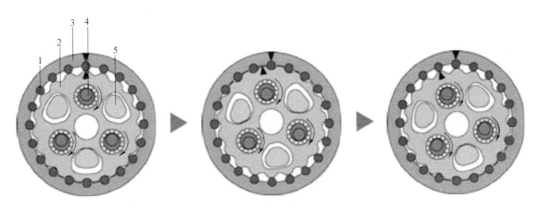

图 3-57 RV 减速器的工作原理

1—针齿销 2—摆线轮 3—针齿壳体 4—曲柄轴 5—输出块

结构的封闭式摆线针轮行星传动机构。其主要特点是：三大（传动比大、承载能力大、刚度大）、二高（运动精度高、传动效率高）、一小（回差小）。

1）传动比大。通过改变第一级减速装置中太阳轮和行星轮的齿数，可以方便地获得范围较大的传动比，其常用的传动比范围为 $i = 57 \sim 192$。

2）承载能力大。由于采用了 n 个均匀分布的行星轮和曲柄轴，可以进行功率分流，而且采用了具有圆盘支承装置的输出机构，故其承载能力大。

3）刚度大。由于采用了圆盘支承装置，改善了曲柄轴的支承情况，从而使得其传动轴的转矩刚度增大。

4）运动精度高。由于系统的回转误差小，因此可获得较高的运动精度。

5）传动效率高。除了针轮的针齿销支承部分外，其他构件均为滚动轴承支承，传动效率高。传动效率 $\eta = 0.85 \sim 0.92$。

6）回差小。各构件间所产生的摩擦和磨损较小，间隙小，传动性能好，间隙回差小于 $1\mathrm{arc/min}$（$1\mathrm{arc/min} = 1'$）。

习 题

1. 工业机器人机械系统总体设计主要包括哪几个方面的内容？
2. 工业机器人的三种驱动方式各自的优缺点是什么？
3. 设计机身时要注意什么？
4. 对工业机器人臂部设计有什么基本要求？
5. 工业机器人常用的减速器有哪两种？
6. 六自由度关节型工业机器人的六个关节一般如何布置？
7. 工业机器人手腕的旋转自由度一般应如何布置？
8. 工业机器人手部的特点是什么？
9. 真空吸附系统的设计内容包括哪几个方面？
10. 手爪的开合为什么常用气压驱动？

第 4 章

Chapter

工业机器人动力系统

动力系统是工业机器人的重要组成部分，本章首先对工业机器人的动力系统进行概述，然后对工业机器人的电动驱动、液压驱动、气动驱动技术分别进行详细介绍。

4.1 动力系统分类

工业机器人的各类动力系统各有其优缺点。工业机器人工作时对动力系统的常见要求有：

1）动力系统的重量要尽可能轻，单位重量的输出功率要高，效率也要高。

2）反应速度要快，要求能够进行频繁地起动、制动，正、反转切换。

3）驱动尽可能灵活，位移偏差和速度偏差要小。

4）安全可靠。

5）操作和维护方便。

6）对环境无污染，噪声要小。

7）经济上合理。

8）结构紧凑，尽量减小体积。

工业机器人的驱动系统，按动力源分为电动、液压和气动三大类。根据需要也可由这三种基本类型组合成复合式的驱动系统。这三类基本驱动系统各有自己的特点。其中，电动驱动又可以根据电动机的类型，将其分为直流伺服和交流伺服；根据控制器实现方法的不同，将其分为模拟伺服和数字伺服；根据控制器中闭环的多少，将其分为开环控制系统、单环控制系统、双环控制系统和多环控制系统。

4.1.1 电动驱动系统

电动驱动器是目前使用最广泛的驱动器。电动驱动是利用各种电动机产生的力或力矩，直接或经过减速机构去驱动工业机器人的关节，以获得所要求的位置、速度和加速度。它的能源简单，速度变化范围大，效率高，速度和位置精度都很高，但它们一般都需与减速装置相连，直接驱动比较困难。

比较常用的电动驱动装置是步进电动机、直流伺服电动机和交流伺服电动机三大类，在特殊工况下，也有直线电动机等，在此仅讨论前三类的特点。

1. 步进电动机驱动的特点

步进电动机驱动通常是将电脉冲信号转变为角位移或线位移的开环控制系统，具有一定精度，也可在要求更高精度时组成闭环控制系统。电脉冲是由专用驱动电源供给的，每当对其施加一个脉冲时，其输出轴便转过一个固定角度（称为步进角），电动机就前进一步，当供给连续电脉冲时就能一步一步地连续转动，这种电动机的运行方式与普通匀速旋转的电动机有一定差别，是步进式运动，因此命名为步进电动机，同时也称为脉冲电动机。步进电动机的角位移量或转速与电脉冲数或频率严格成正比，可以通过控制脉冲的个数来控制电动机的角位移量，从而达到精确定位的目的。其转速与脉冲频率和步进角有关，通过改变脉冲频率就可以在很大范围内调节电动机的转速和加速度，从而达到调速的目的，而且能够快速起动、制动和反转。没有脉冲输入时，在绕组电源的激励下气隙磁场能使转子保持原有位置，处于定位状态。由于这一工作原理，步进电动机具有以下的特点：

1）位移与输入脉冲信号相对应，步进误差不长期积累，使得系统控制方便，结构简单，制造成本低。

2）易于起动、制动、正反转及变速，响应性也好。

3）速度可在相当宽的范围内平滑调节。另外，可用一台控制器同时控制几台步进电动机，使它们完全同步运行。

4）步进角选择范围大，可在几十分至 180° 大范围内选择。在小步距情况下，能够在超低速、高转矩下稳定运行，通常可以不经减速器直接驱动负载。

5）无刷，电动机本体部件少，可靠性高。

6）制动时，可有自锁能力。

7）起动频率过高或负载过大时，易出现丢步或堵转的现象，停止时转速过高易出现过冲的现象，为保证其控制精度，需处理好升、降速问题。

8）不能直接使用普通的交直流电源驱动，必须由双环形脉冲信号、功率驱动电路等组成控制系统方可使用。

总之，步进电动机驱动器的优点是在负载能力的范围内，位移量与脉冲数成正比、速度与脉冲频率成正比，且不因电源电压、负载大小、环境条件的波动而变化。步进电动机驱动器的误差不长期积累，驱动系统可以在较宽的范围内，通过改变脉冲频率来调速，实现快速起动、制动、正反转。缺点是过载能力差、调速范围小、低速运动有脉动、稳定性差等，所以一般只应用于小型或简易型工业机器人中。

2. 直流伺服电动机和交流伺服电动机驱动的特点

伺服系统又称随动系统，是用来精确地跟随或复现某个过程的反馈控制系统。伺服系统是使物体的位置、方位、状态等输出被控量能够跟随输入目标任意变化的自动控制系统。

电气伺服系统是将电能转变成电磁力，并用该电磁力驱动运行机构运动。电气伺服技术应用最广，其主要原因是控制方便、灵活，容易获得驱动能源，没有公害污染，维护也比较容易。特别是电子技术和计算机软件技术的发展，为电气伺服技术的发展提供了广阔的前景。伺服电动机的分类如图 4-1 所示。

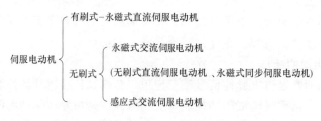

图 4-1　伺服电动机的分类

　　其中，永磁式直流伺服电动机的剖面图如图 4-2a 所示，其永久磁铁在外，而会发热的电枢线圈在内，因此散热较为困难，降低了功率体积比，在应用于直接驱动系统时，会因热传导而造成传动轴（如导螺杆）的热变形。但对交流伺服电动机而言，不论是永磁式或感应式，其造成旋转磁场的电枢线圈（图 4-2b）均置于电动机的外层，因而散热较佳，有较高的功率体积比，且可适用于直接驱动系统。

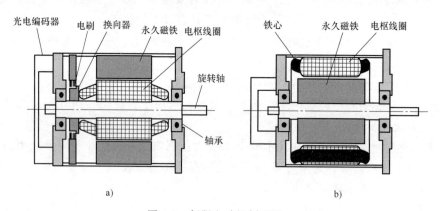

图 4-2　伺服电动机剖面图
a）永磁式直流伺服电动机的剖面图　b）永磁式同步伺服电动机的剖面图

　　无刷式伺服电动机主要可分为两大类（图 4-1）：永磁式同步伺服电动机或永磁式交流伺服电动机和感应式交流伺服电动机。

　　随着技术的进步，近年来交流伺服电动机正逐渐取代直流伺服电动机而成为工业机器人的主要驱动器。无刷式直流伺服电动机采用内装式的霍尔效应传感器组件来检测转子的绝对位置以决定功率组件的触发时序，其效用犹如将直流伺服电动机的机械式电刷换相改为电子式换相，因而去除了直流伺服电动机因电刷所带来的限制。目前一般永磁式交流伺服电动机的回接组件多采用解角器或光电解编码器，前者可测量转子绝对位置，后者则只能测得转子旋转的相对位置，电子换相则设计于驱动器内。

　　伺服系统主要有以下特点：

　　1）控制量是机械位移或位移的时间函数。

　　2）给定值在很大的范围内变化。

　　3）属于反馈控制。

　　4）能使输出量快速准确地随给定量变化。

5）输入功率小，输出功率大。

6）能进行远距离控制。

相对于步进电动机驱动，直流伺服电动机和交流伺服电动机驱动有其自身的特点，其比较见表 4-1。

表 4-1 常用电动驱动系统特点比较

分类	步进电动机驱动	直流伺服电动机和交流伺服电动机驱动
力矩范围	中、小力矩（一般在 20N·m 以下）	小、中、大，全范围
速度范围	低（一般在 2000r/min 以下，大力矩电动机小于 1000r/min）	高（可达 5000r/min），直流伺服电动机可达 1～2 万 r/min
控制方式	主要是位置控制	多样化智能化的控制方式，位置、转速、转矩方式
平滑性	低速时有振动（但用细分型驱动器则可明显改善）	好，运行平滑
精度	一般较低，细分型驱动时较高	高（具体要看反馈装置的分辨率）
矩频特性	高速时，力矩下降快	力矩特性好，特性较硬
过载特性	过载时会失步	可 3～10 倍过载（短时）
反馈方式	大多数为开环控制，也可接编码器，以防止失步	闭环方式，编码器反馈
编码器类型	—	光电型旋转编码器（增量型/绝对值型），旋转变压器型
响应速度	一般	快
耐振动	好	一般（旋转变压器型可耐振动）
温升	运行温度高	一般
维护性	基本可以免维护	较好
价格	低	较高

4.1.2 液压驱动系统

由于液压技术是一种比较成熟的技术。它具有动力大、力（或力矩）惯量比大、响应速度快、易于实现直接驱动等特点。适于在承载能力大，惯量大以及在防火环境中工作的这些工业机器人中应用。但液压系统需进行能量转换（电能转换成液压能），速度控制多数情况下采用节流调速，效率比电动驱动系统低。液压系统的液体泄漏会对环境产生污染，工作噪声也较高。因为这些弱点，近年来，在负荷为 100kg 以下的工业机器人中往往被电动驱动系统所取代。图 4-3 所示为几种典型液压元件。

液压伺服系统是先将电能变换为液压能，并用电磁阀改变液压油的流向，从而使液压执行元件驱动运行机构运动。液压伺服控制在工业机器人领域占有重要的地位，其突出的优点有：

1. 功率重量比大

在同样功率的控制系统中，液压系统体积小，重量轻。这是因为对电动机来说，由于受到激磁性材料饱和作用的限制，单位重量的设备所能输出的功率比较小。液压系统可以通过提高系统的压力来提高其输出功率，这时只受到机械强度和密封技术的限制。在典型的情况

液压泵

液压缸

液压控制阀

液压摆动马达

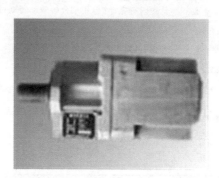
液压马达

图 4-3　几种典型液压元件

下，发电机和电动机的功率重量比仅为 16.8W/N，而液压泵和液压马达的功率重量比为 168W/N，是机电元件的 10 倍。在航空、航天技术领域应用的液压马达是 675W/N。直线运动的动力装置悬殊更大。

这个特点是在许多场合下采用液压伺服而不采用其他伺服系统的重要原因，也是直线运动控制系统中多用液压伺服系统的重要原因。

2. 力矩惯量比大

一般回转式液压马达的力矩惯量比是同容量电动机的 10~20 倍，一般液压马达的力矩惯量比为 6110N·m/(kg·m^2)。力矩惯量比大，意味着液压驱动系统能够产生大的加速度，也意味着时间常数小，响应速度快，具有优良的动态性能。因为液压马达或者电动机消耗的功率一部分用来克服负载，另一部分消耗在加速液压马达或者电动机本身的转子。所以一个执行元件是否能够产生所希望的加速度，能否给负载以足够的实际功率，主要受到其力矩惯量比的限制。

这个特点也是许多场合下采用液压伺服系统，而不是采用其他控制系统的重要原因。

3. 液压马达的调速范围宽，低速稳定性好

所谓调速范围宽是指马达的最大转速与最小平稳转速之比大。液压伺服马达的调速范围一般在 400 左右，好的达上千，通过良好的回路设计，闭环系统的调速范围更宽。这个指标也常常是采用液压伺服系统的主要原因。

4. 液压伺服的刚度比较大

某些工业机器人在工作时，在大的后坐力或冲击振动下，如果不采用液压系统，则有可能导致整体机械结构的变形或损坏。由于液压缸可以装载溢流阀，所以在大的振动和冲击下可以有溢流作用，保证了整个系统的安全和稳定性。

5. 适应于要求自动化程度高、控制精度高的场合

由于流体传动及其控制部分直接采用电控件，易于电控及计算机控制，且柔性大；由于系统刚度高，又可引入闭环控制元件，易于达到高精度的控制。

6. 其他优点

除此之外，液压伺服系统还有许多其他优点，如润滑性好，寿命长，能量存储较方便（蓄能器），过载保护容易，易冷却。

但是液压控制系统也存在许多严重的缺点，在研制、生产和使用过程中，引起许多的问题，概括起来有以下几个方面：

1）元件制造精度高，通常机械精度为微米级，故对颗粒杂质的过滤要求高，目前这一点在技术上已不存在任何困难，但系统造价高。

2）综合学科多，因而技术含量高，维护困难。

3）易污染环境。

4）易因堵塞造成故障。

5）系统性能受油温变化的影响。

6）液压能源的获得和远距离传输都不如电动系统方便。

综上所述，液压驱动的主要优点是功率大，结构简单、可省去减速装置，能直接与被驱动的杆件相连，响应快，伺服驱动具有较高的精度，但需要增设液压源，而且易产生液体泄漏，故液压驱动目前多用于特大功率的工业机器人系统。

4.1.3　气动驱动系统

气动驱动系统具有速度快、系统结构简单、维修方便、价格低等特点，适于在中、小负荷的工业机器人中采用。但因难于实现伺服控制，多用于程序控制的工业机器人中，如在上、下料和冲压工业机器人中应用较多。

气动工业机器人采用压缩空气为动力源，一般从工厂的压缩空气站引到机器作业位置，也可单独建立小型气源系统。由于气动工业机器人具有气源使用方便、不污染环境、动作灵活迅速、工作安全可靠、操作维修简便以及适于在恶劣环境下工作等特点，因此它可以在冲压加工、注塑及压铸等有毒或高温条件下作业，可以实现机床上、下料，完成仪表及轻工行业中、小型零件的输送和自动装配等作业，在食品包装及输送，电子产品输送、自动插接，弹药生产自动化等方面也获得了广泛应用。

气动驱动系统在多数情况下是用于实现两位式的或有限点位控制的中、小工业机器人中的。这类工业机器人多是圆柱坐标型和直角坐标型或两者的组合型结构，有 3~5 个自由度，负荷在 200N 以内，速度为 300~1000mm/s，重复定位精度为 ±0.1~±0.5mm。控制装置目前多数选用可编程序控制器（PLC）。在易燃、易爆的场合下可采用气动逻辑元件组成控制装置。

气动驱动器的能源、结构都比较简单，但与液压驱动器相比，相同体积条件下功率较小

（因压力低），而且速度不易控制，所以多用于精度不高的点位控制系统。图 4-4 所示为几种典型气动元件。

气缸

气动回转马达

气动摆动马达

气泵

气动三大件

气动控制阀

图 4-4 几种典型气动元件

气压伺服系统一般采用压缩气体作为动力的驱动能源。由于传递力的介质是空气，所以以其价格低廉、干净、安全等许多特点获得广泛的应用，具体优点有：

1. 适于在恶劣环境下工作

由于其介质不易燃、不易爆，系统抗电磁干扰和抗辐射能力强，工作介质无污染等一些特点，适于在恶劣环境下工作，在自动化和军事领域得到了应用。

2. 成本低

由于采用空气作为传递力的介质，因而不需要花费介质费用，同时由于传递的压力比较低，气压驱动装置和管路的制造成本也比液压的低。

3. 结构简单，维护修理方便

由于气压伺服系统没有回收管路，简化了结构。从维护观点来看，气动执行机构比其他类型的执行机构易于操作和校定，在现场也可以很容易地实现正反左右的互换，日益受到人们的重视。

但因为气体的可压缩性和低黏性，导致气压伺服系统输出的功率和力比较小、固有频率低、阻尼比小、定位精度和定位刚度低、低速性能差，使得气压伺服技术的应用受到限制。

尽管如此，在一些特殊的场合，还需要采用气压伺服驱动。为了发挥气压伺服驱动的优点，可以采取一些措施，如通过提高供气压力，采用气液联控伺服系统等来扩大气压工业机器人的使用范围。

4.1.4　三种驱动方式对照

综上所述，工业机器人常用的驱动方式有液压驱动、气动驱动和电动驱动三种类型。这三种方法各有所长，不同的驱动系统适用于不同的场合，在设计工业机器人驱动器时要按照需求来选择合适的驱动方式。在实际的工程应用中，应根据实际条件选用一个最合适的驱动系统。三种驱动方式对照见表 4-2。

表 4-2　三种驱动方式对照

内容	驱动方式		
	液压驱动	气动驱动	电动驱动
输出功率	很大，压力范围为 50~140Pa	大，压力范围为 48~60Pa	较大
控制性能	利用液体的不可压缩性，控制精度较高，输出功率大，可无级调速，反应灵敏，可实现连续轨迹控制	气体压缩性大，精度低，阻尼效果差，低速不易控制，难以实现高速、高精度的连续轨迹控制	控制精度高，功率较大，能精确定位，反应灵敏，可实现高速、高精度的连续轨迹控制，伺服特性好，控制系统复杂
响应速度	很高	较高	很高
结构性能及体积	结构适当，执行机构可标准化、模拟化，易实现直接驱动。功率重量比大，体积小，结构紧凑，密封问题较大	结构适当，执行机构可标准化、模拟化，易实现直接驱动。功率重量比大，体积小，结构紧凑，密封问题较小	伺服电动机易于标准化，结构性能好，噪声低，电动机一般需配置减速装置，除 DD 电动机外，难以直接驱动，结构紧凑，无密封问题
安全性	防爆性能较好，用液压油作为传动介质，在一定条件下有火灾危险	防爆性能好，压力高于 1000kPa 时应注意设备的抗压性	设备自身无爆炸和火灾危险，直流有刷电动机换向时有火花，对环境的防爆性能较差
对环境的影响	液压系统易漏油，对环境有污染	排气时有噪声	无
应用范围	适用于重载、低速驱动，电液伺服系统适用于喷涂机器人、点焊机器人和托运机器人	适用于中小负载驱动、精度要求较低的有限点位程序控制机器人	适用于中小负载、要求具有较高的位置控制精度和轨迹控制精度、速度较高的机器人，如 AC 伺服喷涂机器人、点焊机器人、弧焊机器人等

4.2　交流伺服系统

4.2.1　概述

工业机器人伺服系统的发展与伺服电动机的发展密切相关。伺服系统通常由伺服电动机、编码器和伺服驱动器组成。除了驱动部分以外，还包括操作软件、控制部分、检测元件、传动机构和机械本体，各部件协调完成特定的运动轨迹或工艺过程。

迄今为止，工业机器人伺服系统的发展经历了三个阶段。在 20 世纪 60 年代以前，主要以步进电动机驱动液压伺服马达或者以功率步进电动机直接驱动为特征。在此时期由于技术落后、生产要求低，伺服控制系统多为开环控制。系统具有响应时间短，驱动部件的外形尺寸小等优点，但同时存在发热大、效率低、不易维修、易污染环境等缺点。随着可控硅的发明以及各种电动机材料的改良，20世纪60年代以后，直流电动机得到迅速发展，在工业机器人伺服驱动上得到了广泛的应用。究其原因，是由于直流伺服电动机易于控制，调速性能好，相关理论及技术都比较成熟。伺服系统的位置控制也由开环控制发展成为闭环控制，到20世纪70年代末，直流电动机已经成为工业机器人伺服系统中最重要的驱动设备。但是，随着现代工业的快速发展，人们对工业机器人伺服系统提出了越来越高的要求，而传统直流电动机采用的机械换向使其在应用过程中面临维护工作量大、成本高、使用寿命短、可靠性低、结构复杂、体积大、转动惯量大、响应速度慢、对现场环境适应能力差等诸多问题。随着微电子技术、微型计算机技术、传感器技术、稀土永磁材料与电动机控制理论等相关技术的发展，到20世纪80年代，出现了方波、正弦波驱动的各种新型永磁同步电动机。交流伺服系统开始逐渐占领直流伺服系统市场。现如今工业机器人交流伺服系统大部分采用闭环控制方式，以达到控制系统高性能的要求。

现代工业机器人交流伺服驱动系统已经逐渐转向数字化，如信号处理技术中的数字控制器、数字滤波、各种先进智能控制技术等，数字控制技术已经无孔不入。在工业机器人交流伺服驱动系统中应用智能处理模块以及功能强大的控制器芯片，可以实现更好的控制性能。

分析多年来工业机器人伺服控制系统的发展特色，总结市场上客户对其性能的要求，可以概括出工业机器人伺服控制系统有以下几种热门发展方向：

（1）数字化 采用数字控制芯片控制工业机器人伺服驱动器，其速度及定位精度明显优于模拟系统，且灵活性好、可靠性强。数字控制系统更易于与上位机通信，控制功能可在不改变硬件结构的前提下随时改变。即使在相同的硬件控制系统中，也可以有多种形式的控制功能，而这一切是通过不同的软件程序来实现的。而且可以根据控制技术的发展把最新的控制算法通过软件编程实时地更新控制系统。

（2）智能化 智能化是现代工业机器人伺服系统的发展趋势，许多高端伺服驱动器具有参数自整定、电动机参数辨识等先进功能。其特点是根据环境、负载特性的变化自主地改变参数，减少操作人员的工作量。实现了简单易用的操作方式，省去了原本复杂烦琐的参数调整。目前市场上出现了专用智能控制芯片，且技术比较成熟，以其优越的动静态控制特性，被广大技术人员应用于工业机器人伺服驱动控制系统中。

（3）通用化 当前，某些工业机器人伺服系统可以在不改变系统硬件电路的前提下，切换成恒压频比控制、矢量控制、直接转矩控制等多种模式，这些都得益于伺服系统配置了多种控制功能参数。此类伺服系统可以控制异步、同步等不同类型的电动机，且适用于各种开环、闭环控制系统，应用领域十分广泛。

随着控制理论、变流技术和控制手段的快速发展，近几十年来，多种交流调速技术已经趋于成熟，运行可靠性很高。随着各种方便用户开发的微控制器与数字信号处理器件的产生，使得各种先进的智能控制算法在控制系统中得到了很好的应用。如今市场上涌现了大量使用新型伺服控制策略的工业机器人伺服系统。下面分析比较几种常用的工业机器人伺服控制策略。

1. 恒压频比控制

恒压频比控制是控制输出电压与频率的比为定值，确保电动机的磁通量为定值，从而控制电动机的速度，又称为恒磁通控制方式。在额定频率以下，磁通恒定时转矩也恒定，因此属于恒转矩调速。这种控制方式很难根据负载转矩的变化恰当地调整电动机转矩。特别是低速时，由于定子阻抗压降随负载转矩变化，当负载较重时可能补偿不足，当负载过轻时又可能造成过补偿，造成磁路饱和。这都可能引起变频器过电流跳闸。此外，因为变频器的频率设定值均为定子频率，即电动机的同步频率，但是电动机的转差率随着负载的变化波动，所以电动机的实际转速也随之变化，故这种方式的速度静态稳定性不高，不适于对速度要求较高的工业机器人伺服驱动系统。但由于系统实现简单、调速方便、运行稳定，因此仍在一些对低速性能要求不高的工业场合运用。

2. 矢量控制

20 世纪 70 年代，德国西门子公司提出矢量控制技术，给工业机器人伺服驱动系统的研究以理论支持，大大加快了工业机器人伺服系统发展的脚步。矢量控制技术原理为：参考系选为转子旋转磁场，通过两次坐标变换将电动机定子矢量电流分解为直、交轴电流分量，且直轴电流分量和交轴电流分量相互正交，同时控制直、交轴电流分量的相位和幅值，可以获得类似于甚至超过直流电动机的动态控制性能。目前，该控制方法在工业机器人伺服驱动上已经大范围应用，在理论和实际上被认为是比较成熟的技术。矢量控制技术的优点主要是原理简单、转矩响应良好、速度控制精确。缺点是计算量比较大，在实现控制过程中要进行各种坐标变换。此外，电动机定子电阻、电感及转动惯量的变化会实时影响到控制效果，完全解耦在实际运行中很难实现，系统的动态性能就会受到影响，使控制效果变差。可以通过智能化改进控制器，加入先进控制算法来解决，从而得到较好的动态控制性能。

3. 直接转矩控制

20 世纪 80 年代，德国教授提出高性能交流电动机控制策略——直接转矩控制。直接转矩控制有着自己的特点，与矢量控制相比，它在很大程度上解决了矢量控制中的一些问题，如计算复杂、电动机参数变化易影响系统特性、实际性能偏离理论分析较大。直接转矩是在定子坐标系下，观测电动机定子磁链和电磁转矩，将磁链和转矩观测值分别与参考值比较，将比较值经过两个滞环比较器后得到磁链和转矩控制信号，结合定子磁链位置，在开关表中选择合适的电压空间矢量来控制定子磁链，通过控制定子磁链达到控制电磁转矩的目的。此控制方法转矩动态响应快，且因为只有电动机定子绕组阻值会影响直接转矩控制的控制效果，而其他电动机参数的变化不会影响其控制稳定性，解决了电动机本体参数变化对系统特性影响大的缺点。但是，直接转矩控制在转速较低时转矩脉动大。20 世纪末，开始有部分专家学者通过深入研究把直接转矩控制理论引入到工业机器人伺服电动机中，完成了直接转矩控制技术在工业机器人伺服驱动技术领域的重大突破。

伺服控制器主要有四种：单片机系统、运动控制专用 PLC 系统、专用数控系统、PC+运动控制卡。

（1）单片机系统　由单片机芯片、外围扩展芯片和外围电路组成，作为运动控制系统的控制器。

单片机方案的优点是成本较低。缺点有：I/O 口产生脉冲频率不高，控制精度受限，研发周期较长，调试过程烦琐。

（2）运动控制专用 PLC 系统　许多品牌的 PLC 都可选配定位控制模块。PLC 的循环扫描工作方式决定了它的实时性能不是很高，要受 PLC 每步扫描时间的限制。主要适用于运动过程比较简单、运动轨迹固定的设备，如送料设备、自动焊机等。

（3）专用数控系统　国内外的专用数控系统包括：日本 FANUC 数控系统、德国西门子数控系统、德国海德汉数控系统、德国力士乐数控系统、法国 NUM 数控系统、我国华中数控等。专用数控系统成本较高。

（4）PC+运动控制卡　按信号类型，运动控制卡可分为数字卡和模拟卡。运动控制卡的主控芯片一般有三种形式：单片机、专用运动控制芯片、数字信号处理器（DSP）。PC+运动控制卡的特点是：卡上专用 CPU 与计算机 CPU 构成主从式双 CPU 控制模式。计算机 CPU 可以专注于人机界面、实时监控和发送指令等系统管理工作；而卡上专用 CPU 用来处理所有运动控制的细节，包括升降速计算、行程控制、多轴插补等，无须占用计算机资源。该运动控制方式是目前运动控制系统的一个主要发展趋势。

4.2.2　驱动器

伺服驱动器主要包括功率驱动单元和伺服控制单元。伺服控制单元是整个交流伺服系统的核心，实现系统位置控制、速度控制、转矩和电流控制。其作用类似于变频器作用于普通交流电动机。

交流伺服系统具有电流反馈、速度反馈和位置反馈的三闭环结构形式，如图 4-5 所示，其中电流环和速度环为内环（局部环），位置环为外环（主环）。电流环的作用是使电动机绕组电流实时、准确地跟踪电流指令信号，限制电枢电流在动态过程中不超过最大值，使系统具有足够大的加速转矩，提高系统的快速性。速度环的作用是增强系统抗负载扰动的能力，抑制速度波动，实现稳态无静差。位置环的作用是保证系统静态精度和动态跟踪的性能，这直接关系到交流伺服系统的稳定性和能否高性能运行，是设计的关键所在。

当传感器检测的是输出轴的速度、位置时，系统称为半闭环系统；当检测的是负载的速度、位置时，称为闭环系统；当同时检测输出轴和负载的速度、位置时，称为多重反馈闭环系统。

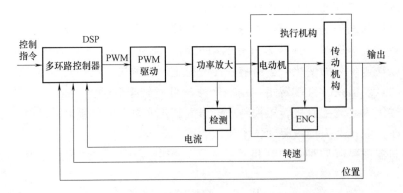

图 4-5　交流伺服系统

交流伺服系统的驱动器经历了模拟式、模式混合式的发展后，目前已经进入了全数字的时代。交流伺服驱动器的一般结构如图 4-6 所示，其不仅克服了模拟式伺服的分散性大、零漂、低可靠性等缺点，还充分发挥了数字控制在控制精度上的优势和控制方法的灵活，使伺服驱动器不仅结构简单，而且性能更加可靠。

伺服驱动器由两部分组成：驱动器硬件和控制算法。控制算法是决定交流伺服系统性能好坏的关键技术之一，是国外交流伺服技术封锁的主要部分，也是技术垄断的核心。

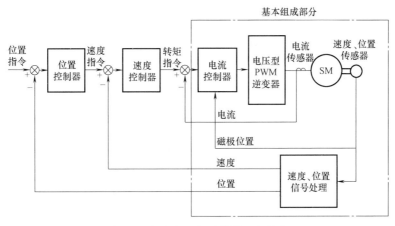

图 4-6 交流伺服驱动器的一般结构

4.2.3 交流永磁同步伺服系统的工作及控制原理

永磁同步电动机其本身是一个自控式同步电动机，它由定子和转子组成，有的定子是线圈，转子是永磁体；有的转子是线圈，定子是永磁体。但无论哪种方式，电动机本身是不能自己执行旋转控制的，它必须依赖电子换相装置，这也是为什么这种电动机需要变频控制的原因。也可以这样说，该种电动机系统由电动机、逆变器和位置传感器共同组成，如图 4-7 所示。

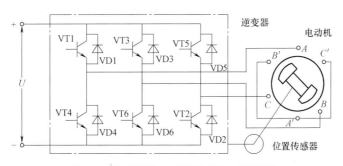

图 4-7 永磁同步电动机的基本工作原理

永磁同步伺服驱动器主要由伺服控制单元、功率驱动单元、通信接口单元、伺服电动机及相应的反馈检测元件组成。伺服驱动器大体上可以划分为功能比较独立的功率板和控制板两个模块。功率板（驱动板）是强电部分，其中包括两个单元，一是功率驱动单元 IPM，用于电动机的驱动；二是开关电源单元，为整个系统提供数字和模拟电源。控制板是弱电部分，是电动机的控制核心，也是伺服驱动器技术核心控制算法的运行载体。控制板通过相应的算法输出 PWM 信号，作为驱动电路的驱动信号，来改变逆变器的输出功率，以达到控制三相永磁式同步交流伺服电动机的目的。

目前主流的伺服驱动器均采用数字信号处理器（DSP）作为控制核心，其优点是可以实现比较复杂的控制算法，实现数字化、网络化和智能化，其结构组成如图 4-8 所示。控制单元是整个交流伺服系统的核心，实现系统位置控制、速度控制、转矩和电流控制。所采用的

数字信号处理器（DSP）除具有快速的数据处理能力外，还集成了丰富的用于电动机控制的专用集成电路，如 A-D 转换器、PWM 发生器、定时计数器电路、异步通信电路、CAN 总线收发器以及高速的可编程静态 RAM 和大容量的程序存储器等。

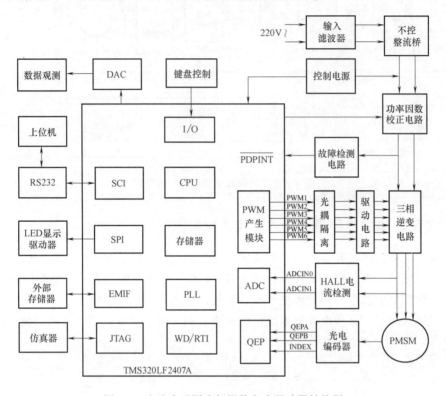

图 4-8　交流永磁同步伺服数字式驱动器结构图

　　而应用在工业机器人的交流伺服电动机驱动器中，一般都包含有位置回路、速度回路和力矩回路，但使用时将驱动器、电动机和运动控制器结合起来组合成三种不同的工作模式，以满足不同的应用要求。

　　（1）位置模式　在这种模式下，位置回路、速度回路和力矩回路都在驱动器中执行。驱动器接收运动控制器送来的位置指令信号。以脉冲及方向指令信号形式为例，脉冲的个数决定了电动机的运动位置，脉冲的频率决定了电动机的运动速度，而方向信号电平的高低决定了电动机的运动方向。

　　这与步进电动机的控制有相似之处，但脉冲的频率要高一些，以适应伺服电动机的高转速。

　　（2）速度模式　驱动器内仅执行速度回路和力矩回路，由外部的运动控制器执行位置回路的所有功能。这时运动控制器输出 ±10V 范围内的直流电压作为速度回路的指令信号：正电压使电动机正向旋转，负电压使电动机反向旋转，零伏对应零转速。这个信号在驱动器中经速度标定后由 A-D 转换器接入作为伺服控制器的 DSP，由 DSP 中的软件实现回路的控制。

　　（3）力矩模式　驱动器仅实现力矩回路，由外部的运动控制器实现位置回路的功能。这时系统中往往没有速度回路。力矩回路的指令信号是由运动控制器输出 ±10V 范围内的直流电压信号：正电压对应正转矩，负电压对应负转矩，零伏对应零力矩输出。这个信号经力矩标定后送入 DSP，由 DSP 中的软件实现回路的控制。

一般永磁同步电动机的驱动器结构如图 4-9 所示。

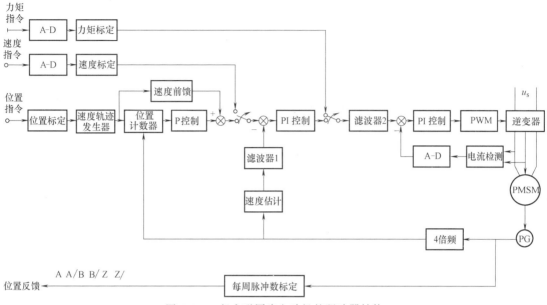

图 4-9 一般永磁同步电动机的驱动器结构

伺服驱动器通过采用磁场定向的控制原理和坐标变换，来实现矢量控制，并通过正弦波脉宽调制（SPWM）控制模式对永磁同步电动机进行控制。永磁同步电动机的矢量控制一般通过检测或估计电动机转子磁通的位置及幅值来控制定子电流或电压，这样电动机的转矩便只与磁通和电流有关，该控制方法如图 4-9 所示。对于永磁同步电动机，转子磁通位置与转子机械位置相同，这样通过检测转子的实际位置就可以得知电动机转子的磁通位置，从而使永磁同步电动机的矢量控制比起异步电动机的矢量控制有所简化。

由于交流永磁伺服电动机（PMSM）采用的是永久磁铁励磁，其磁场可以视为恒定，同时交流永磁伺服电动机的电动机转速就是同步转速，即其转差为零。这些条件使得交流伺服驱动器在驱动交流永磁伺服电动机时的数学模型的复杂程度得以大大降低。从图 4-10 可以看出，系统是基于测量电动机的两相电流反馈和电动机位置。将测得的相电流结合位置信息，经坐标变换（从 a、b、c 坐标系转换到转子 d、q 坐标系），得到分量，分别进入各自的电流调节器。电流调节器的输出经过反向坐标变换（从 d、q 坐标系转换到 a、b、c 坐标系），得到三相电压指令。控制芯片通过这三相电压指令，经过反向、延时后，得到 6 路 PWM 波输出到功率器件，控制电动机运行。系统在不同指令输入方式下，指令和反馈通过相应的控制调节器，得到下一级的参考指令。在电流环中，d、q 轴的转矩电流分量是速度控制调节器的输出或外部给定。而一般情况下，磁通分量为零（=0），但是当速度大于限定值时，可以通过弱磁（<0），得到更高的速度值。

永磁同步电动机的矢量控制原理框图如图 4-11 所示。可以将一个三相交流的磁场系统和一个旋转体上的直流磁场系统，以两相系统做过渡，互相进行等效变换，所以，如果将变频器的给定信号变换成类似于直流电动机磁场系统的控制信号，也就是说，假想有两个互相垂直的直流绕组同处于一个旋转体上，两个绕组中分别独立地通入由给定信号分解而得到的

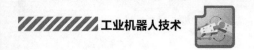
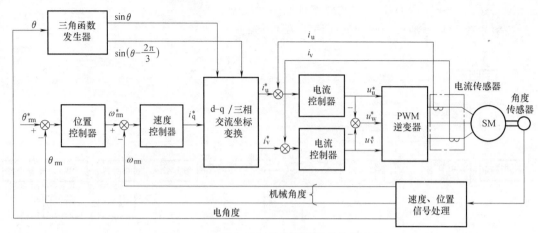

图 4-10　交流永磁同步伺服系统的控制方法

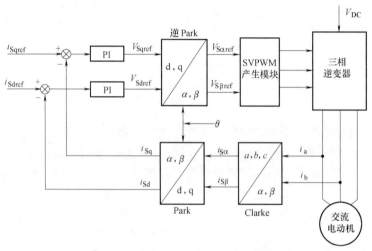

图 4-11　永磁同步电动机的矢量控制原理框图

励磁电流信号 i_M^* 和转矩电流信号 i_T^*，并且把 i_M^* 和 i_T^* 作为基本控制信号，则通过等效变换，可以得到与基本控制信号 i_M^* 和 i_T^* 等效的三相交流控制信号 i_A^*、i_B^*、i_C^*，进而去控制逆变电路。对于电动机在运行过程中的三相交流系统的数据，由可以等效成两个互相垂直的直流信号，反馈到给定控制部分，用以修正基本控制信号 i_M^* 和 i_T^*。

此时，控制器将给定信号分解成在两相旋转坐标系下的互相垂直且独立的直流信号 i_{Sqref} 和 i_{Sdref}。然后通过 Park 逆变换将其分别转换成两相电压信号 V_{Sqref} 和 V_{Sdref}，再经 Clarke 逆变换，得到三相交流控制信号 i_a^*、i_b^*、i_c^*，进而去控制逆变桥。电流反馈用于反映负载的状况，使直流信号中的转矩分量 i_T^* 能随负载而变，从而模拟出类似于直流电动机的工作状况。

功率驱动单元首先通过三相全桥整流电路对输入的三相电或者市电进行整流，得到相应的直流电。经过整流好的三相电或市电，再通过三相正弦 PWM 电压型逆变器变频来驱动三相永磁式同步交流伺服电动机。功率驱动单元的整个过程简单地说就是 AC-DC-AC 的过程。

逆变部分（DC-AC）采用的功率器件是集驱动电路、保护电路和功率开关于一体的智能功率模块（图 4-12），主要拓扑结构是采用了三相桥式（图 4-13），利用了脉宽调制技术

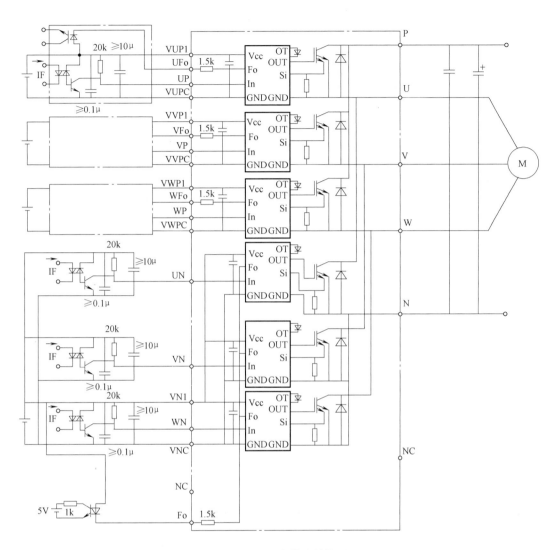

图 4-12　智能功率模块结构图

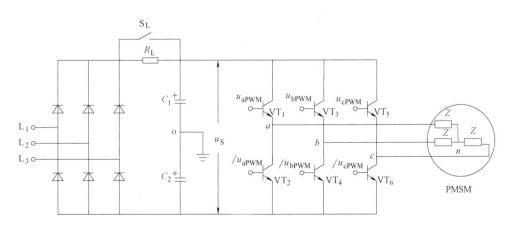

图 4-13　三相逆变器主回路

（即 PWM），通过改变功率晶体管交替导通的时间来改变逆变器输出波形的频率，改变每半周期内晶体管的通断时间比，也就是说通过改变脉冲宽度来改变逆变器输出电压幅值的大小，以达到调节功率的目的。

4.3 液压伺服系统

电液伺服系统通过电气传动方式，将电气信号输入系统来操纵有关的液压控制元件动作，控制液压执行元件使其跟随输入信号而动作。这类伺服系统中电液两部分之间都采用电液伺服阀作为转换元件。电液伺服系统根据物理量的不同可分为位置控制、速度控制、压力控制和电液伺服控制。

图 4-14 所示为机械手手臂伸缩电液伺服系统原理图。它由电液伺服阀 2、液压缸 3、活塞杆带动的机械手手臂 4、电位器 6、步进电动机 7、齿轮齿条 5 和放大器 1 等元件组成。当数字控制部分发出一定数量的脉冲信号时，步进电动机带动电位器 6 的动触头转过一定的角度，使动触头偏移电位器中位，产生微弱电压信号，该信号经放大器 1 放大后输入电液伺服阀 2 的控制线圈，使伺服阀产生一定的开口量，假设此时液压油经伺服阀进入液压缸左腔，推动活塞，带动机械手，机械手手臂上的齿条与电位器上的齿轮相啮合，手臂向右移动时，电位器跟着做顺时针方向的旋转。当电位器的中位和动触头重合时，动触头输出的电压为零，电液伺服阀失去信号，阀口关闭，手臂停止运动，手臂的行程取决于脉冲的数量，速度取决于脉冲的频率。当数字控制部分反向发出脉冲时，步进电动机向反方向转动，手臂便向左移动。由于机械手手臂移动的距离与输入电位器的转角成比例，机械手手臂完全跟随输入电位器的转动而产生相应的位移，所以它是一个带有反馈的位置控制电液伺服系统。

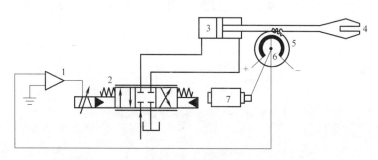

图 4-14　机械手手臂伸缩电液伺服系统原理图

1—放大器　2—电液伺服阀　3—液压缸　4—机械手手臂　5—齿轮齿条　6—电位器　7—步进电动机

4.3.1 液压伺服驱动系统

液压伺服驱动系统由液压源、驱动器、伺服阀、传感器和控制回路组成，如图 4-15 所示。液压泵将液压油供到伺服阀，给定位置指令值与位置传感器的实测值之差经放大器放大后送到伺服阀。当信号输入到伺服阀时，液压油被供到驱动器并驱动载荷。当反馈信号与输入指令值相同时，驱动器便停止。伺服阀在液压伺服系统中是不可缺少的一部分，它利用电信号实现液压系统的能量控制。在响应快、载荷大的伺服系统中往往采用液压驱动器，原因在于液压驱动器的输出力与重量比最大。

电液伺服阀是电液伺服系统中的放大转换元件，它把输入的小功率电流信号，转换并放大成液压功率输出，实现执行元件的位移、速度、加速度及力的控制。

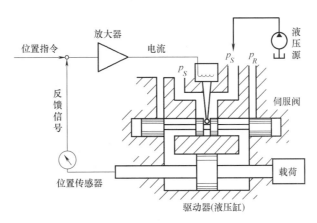

图 4-15　液压伺服驱动系统

1. 电液伺服阀的构成

电液伺服阀通常由电气-机械转换装置、液压放大器和反馈（平衡）机构三部分组成。电气-机械转换装置用来将输入的电信号转换为转角或直线位移输出。输出转角的装置称为力矩马达，输出直线位移的装置称为力马达。

液压放大器接收小功率的电气-机械转换装置输出的转角或直线位移信号，对大功率的液压油进行调节和分配，实现控制功率的转换和放大。反馈（平衡）机构使电液伺服阀输出的流量或压力获得与输入信号成比例的特性。

2. 电液伺服阀的工作原理

图 4-16 所示为喷嘴挡板式电液伺服阀的工作原理。图中上半部分为力矩马达，下半部分为前置级（喷嘴挡板）和主滑阀。当没有电流信号输入时，力矩马达无力矩输出，与衔铁 5 固定在一起的挡板 9 处于中位，主滑阀阀芯也处于中（零）位。液压泵输出的油液以压力 p_S 进入主滑阀阀口，因阀芯两端台肩将阀口关闭，油液不能进入 A、B 口，但经过固定节流孔 10 和 13 分别引到喷嘴 8 和 7，经喷射后油液流回油箱。由于挡板处于中位，两喷嘴与挡板的间隙相等，因而油液流经喷嘴的液阻相等，则喷嘴前的压力 p_1 与 p_2 相等，主滑阀的阀芯两端压力相等，阀芯处于中位。若线圈输入电流，控制线圈中将产生磁通，使衔铁上产生磁力矩。当磁力矩为顺时针方向时，衔铁连同挡板一起绕弹簧管中的支点沿顺时针方向偏转，使图 4-16 中左喷嘴 8 的间隙减小，右喷嘴 7 的间隙增大，即压力 p_1 增大，p_2 减小，主滑阀阀芯在两端压力差的作用下向右运动，开启阀口，p_S 与 B 相通，A 与 T 相通；在主滑阀阀芯向右运动的同时，通过挡板下边的反馈弹簧杆 11 的反馈作用使挡板沿逆时针方向偏转，使左喷嘴 8 的间隙增大，右喷嘴 7 的间隙减小，于是压力 p_1 减小，p_2 增大。当主滑阀阀芯向右移动到某一位置时，由两端压力差 (p_1-p_2) 形成的液压力通过反馈弹簧杆作用在挡板上的力矩、喷嘴液流压力作用在挡板上的力矩以及弹簧管的反力矩之和与力矩马达产生的电磁力矩相等，主滑阀阀芯受力平衡，稳定在一定的开口下工作。

显然，可以通过改变输入电流的大小，成比例地调节电磁力矩，从而得到不同的主滑阀开口大小。若改变输入电流的方向，主滑阀阀芯反向位移，则可实现液流的反向控制。

图 4-16 中主滑阀阀芯的最终工作位置是通过挡板弹性反力反馈作用达到平衡的，因此称为力反馈式。除力反馈之外还有位置反馈、负载流量反馈、负载压力反馈等。

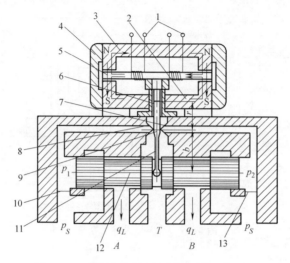

图 4-16　喷嘴挡板式电液伺服阀的工作原理

1—线圈　2、3—导磁体　4—永久磁铁　5—衔铁　6—弹簧管　7、8—喷嘴
9—挡板　10、13—固定节流孔　11—反馈弹簧杆　12—主滑阀

4.3.2　电液比例控制

电液比例控制是介于普通液压阀的开关控制和电液伺服控制之间的控制方式。它能实现对液流压力和流量连续地、按比例地跟随控制信号而变化。因此，它的控制性能优于开关控制，与电液伺服控制相比，其控制精度和相应速度较低。因为它的核心元件是电液比例阀，所以简称为比例阀。

图 4-17 为一种电液比例压力阀的结构示意图。它由压力阀 1 和力马达 2 两部分组成，当力马达的线圈通入电流 I 时，推杆 3 通过钢球 4、弹簧 5 把电磁推力传给锥阀 6，推力的大小与电流 I 成正比。当阀进油口 P 处的液压油作用在锥阀上的力超过弹簧力时，锥阀打开，油液通过阀口由出油口 T 排出，这个阀的阀口开度是不影响电磁推力的，但当通过阀口的流量

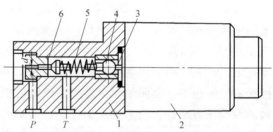

图 4-17　电液比例压力阀的结构示意图
1—压力阀　2—力马达　3—推杆
4—钢球　5—弹簧　6—锥阀

变化时，由于阀座上的小孔 d 处压差的改变以及稳态液动力的变化等，被控制的油液压力依然会有一些改变。

4.3.3　电液比例换向阀

电液比例换向阀一般由电液比例减压阀和液动换向阀组合而成，前者作为先导级以其出口压力来控制液动换向阀的正反向开口量的大小，从而控制液流方向和流量的大小。电液比

例换向阀的工作原理如图 4-18 所示，先导级电液比例减压阀由两个比例电磁铁 2、4 和阀芯 3 组成，经通道 a、b 反馈至阀芯 3 的右端，与电磁铁 2 的电磁力平衡。因而减压后的压力与供油压力大小无关，而只与输入电流信号的大小成比例。减压后的油液经通道 a、c 作用在换向阀阀芯 5 的右端，使阀芯左移，打开 A 与 B 的连通阀口并压缩左端的弹簧，阀芯 5 的移动量与控制油压的大小成正比，即阀口的开口大小与输入电流信号成正比。如果输入电流信号给比例电磁铁 4，则相应地打开 P 与 A 的连通阀口，通过阀口输出的流量与阀口开口大小以及阀口前后压差有关，即输出流量受到外界载荷大小的影响。当阀口前后压差不变时，输出流量与输入的电流信号大小成比例。

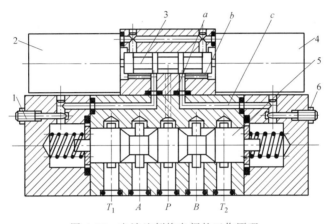

图 4-18 电液比例换向阀的工作原理

1、6—调节螺钉 2、4—电磁铁 3、5—阀芯

液动换向阀的端盖上装有节流阀调节螺钉 1 和 6，可以根据需要分别调节换向阀的换向时间，此外，这种换向阀也和普通换向阀一样，可以具有不同的中位机能。

4.3.4 摆动缸

摆动式液压缸也称为摆动液压马达。当它通入液压油时，它的主轴能输出小于 360° 的摆动运动，常用于夹具夹紧装置、送料装置、转位装置以及需要周期性进给的系统中。图 4-19a 所示为单叶片式摆动缸，它的摆动角度较大，可达 300°。当摆动缸进、出油口压力分别为 p_1、p_2，输入流量为 q 时，其输出转矩 T 和角速度 ω 分别为

$$T=b\int_{R_1}^{R_2}(p_1-p_2)r\mathrm{d}r=\frac{b}{2}(R_2^2-R_1^2)(p_1-p_2) \tag{4-1}$$

$$\omega=2\pi n=\frac{2q}{b}(R_2^2-R_1^2) \tag{4-2}$$

式中，b 为叶片宽度；R_1、R_2 分别为叶片底部、顶部的回转半径。

图 4-19b 所示为双叶片式摆动缸，它的摆动角度较小，最大可达 150°，其输出转矩是单叶片式的两倍，而角速度则是单叶片式的一半。

4.3.5 齿条传动液压缸

齿条传动液压缸的结构形式很多，图 4-20 所示为一种用于驱动回转工作台回转的齿条

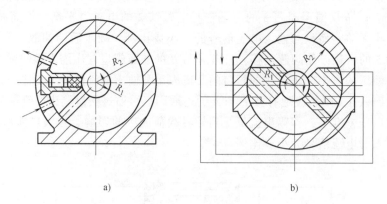

a)   b)

图 4-19　摆动缸

传动液压缸。图中两个活塞 4、7 用
螺钉固定在齿条 5 的两端，两个端盖
2 和 8 通过螺钉、压板和半圆环 3 连
接在缸筒上。当液压油从油口 A 进入
缸的左腔时，推动齿条活塞向右运
动，通过齿轮 6 带动回转工作台运
动，液压缸右腔的回油经油口 B 排
出。当液压油从油口 B 进入缸的右腔
时，推动齿条活塞向左移动，齿轮 6
反方向回转，液压缸左腔的回油经油

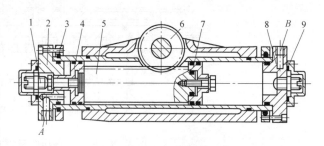

图 4-20　齿条传动液压缸
1、9—螺钉　2、8—端盖　3—半圆环
4、7—活塞　5—齿条　6—齿轮

口 A 排出。活塞的行程可由两端盖上的螺钉 1 和 9 调节，端盖 2、8 上的沉孔和活塞 4、7 上
两端的凸头组成间隙式缓冲装置。

4.3.6　液压伺服马达

控制用的阀和驱动用的液压缸或液压马达
组合起来形成液压伺服马达。液压伺服马达也
可以看作是将阀的输入位移转换成压力差并高
效率地驱动载荷的驱动器。图 4-21 所示为滑
阀伺服马达的原理。伺服马达有阀套和在阀套
内沿轴线移动的阀芯，靠阀套上的五个口和阀
肩的三个凸肩可实现伺服控制，中部的供油口
连接有一定压力的液压源，两侧的两个回油口
接油箱，两个载荷口与驱动器相连。当供油口
处于关闭状态，阀芯向右移动（ $x>0$ ）时，供

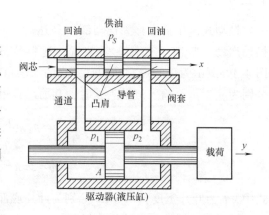

图 4-21　滑阀伺服马达的原理

油压力为 p_S ，经过节流口从左通道流到驱动器活塞左侧并以压力 p_1 使载荷向右移动
（ $y>0$ ）；相反，阀芯向左移动（ $x<0$ ）时，压力 p_2 的液压油供到驱动器活塞右侧，使载荷向
左移动（ $y<0$ ）。

4.4　气动系统

气压驱动系统的组成与液压驱动系统有许多相似之处，但在以下两方面有明显的不同：

1）空气压缩机输出的压缩空气首先储存于储气罐中，然后供给各个回路使用。

2）气动回路使用过的空气无须回收，而是直接经排气口排入大气，因而没有回收空气的回气管道。

4.4.1　气压驱动回路

图 4-22 所示为一典型的气压驱动回路，图中没有画出空气压缩机和储气罐。压缩空气由空气压缩机产生，其压力为 0.5~0.7MPa，并被送入储气罐，然后由储气罐用管道接入驱动回路。在过滤器内除去灰尘和水分后，流向压力调整阀调压，使空气压缩机的压力调至 4~5MPa；在油雾器中，压缩空气被混入油雾，这些油雾用于润滑系统的滑阀及气缸，同时也起一定的防锈作用；从油雾器出来的压缩空气接着进入换向阀，电磁换向阀根据电信号来改变阀芯的位置，使压缩空气进入气缸 A 腔或者 B 腔，驱动活塞向右或者向左运动。

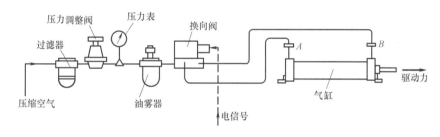

图 4-22　气压驱动回路

4.4.2　气源系统的组成

一般规定，在排气量大于或等于 $6~12m^3/min$ 的情况下，就有必要单独设立压缩空气站。压缩空气站主要由空气压缩机、吸气过滤器、后冷却器、油水分离器和储气罐组成。如果要求气体质量更高，则还应附设气体的干燥、净化等处理装置。

1. 空气压缩机

空气压缩机的种类很多，主要有活塞式、叶片式、螺杆式、离心式、轴流式、混流式等。前三种为容积式，后三种为速度式。

所谓容积式就是周期地改变气体容积的方法，即通过缩小空气的体积，使单位体积内气体分子密度增加，形成压缩空气。而速度式则是先让气体分子得到一个很高的速度，然后让它停滞下来，将动能转化为静压能，使气体的压力提高。

选择空气压缩机时的基本参数是供气量和工作压力。工作压力应当和空气压缩机的额定排气压力相符，而供气量应当与所选空气压缩机的排气量相符。

2. 气源净化辅助设备

气源净化辅助设备包括后冷却器、油水分离器、储气罐、干燥器和过滤器等。

（1）后冷却器　后冷却器安装在空气压缩机出口处的管道。它对空气压缩机排出的温度高达 150℃ 左右的压缩空气进行降温，同时使混入压缩空气的水汽和油气凝聚成水滴和油滴。通过后冷却器的气体温度降至 40~50℃。

后冷却器主要有风冷式和水冷式两种，风冷式后冷却器如图 4-23 所示。风冷式后冷却器是靠风扇产生的冷空气吹向带散热片的热气管道来降低压缩空气温度的。它不需要循环冷却水，所以具有占地面积小，使用及维护方便等特点。

（2）油水分离器　油水分离器的作用是分离压缩空气中凝聚的水分、油分和灰尘等杂质，使压缩空气初步得到净化，其结构形式有环形回转式、撞击折回式、离心旋转式、水浴式及以上形式的组合等。撞击折回式油水分离器结构如图4-24 所示。当压缩空气由进气管 5 进入油水分离器壳体以后，气流先受到隔板 2 的阻挡，被撞击而折回向下，之后又上升并产生环形回转，最后从输出管 3 排出。与此同时，在压缩空气中凝聚的水滴、油滴等杂质受惯性力的作用而分离析出，沉降于壳体底部，由阀 6 定期排出。

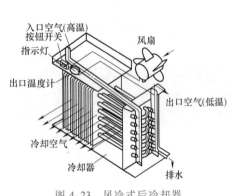

图 4-23　风冷式后冷却器

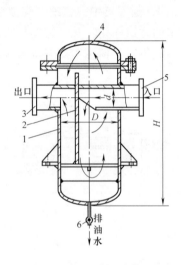

图 4-24　撞击折回式油水分离器结构
1—油水分离器壳体　2—隔板　3—输出管
4—上封头　5—进气管　6—阀

（3）储气罐　储气罐如图 4-25 所示。储气罐的作用是储存一定量的压缩空气，保证供给气动装置连续和稳定的压缩空气，并可减小气流脉动所造成的管道振动。同时，还可进一步分离油水杂质。储气罐上通常装有安全阀、压力表、排污阀等。

（4）干燥器　干燥器如图 4-26 所示。干燥器是为了进一步排除压缩空气中的水、油和杂质，以供给要求高度干燥、洁净压缩空气的气动装置。

（5）过滤器　过滤器如图 4-27 所示。对要求高的压缩空气，经干燥处理之后，再经过二次过滤。过滤器大致有陶瓷过滤器、焦炭过滤器、粉末冶金过滤器及纤维过滤器等。

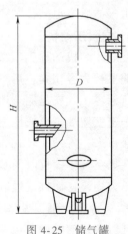

图 4-25　储气罐

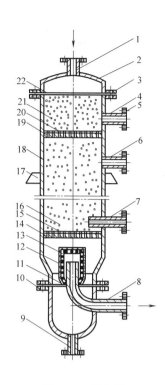

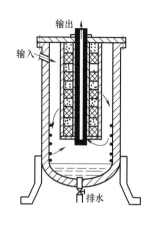

图 4-26　干燥器

图 4-27　过滤器

1—湿空气进气管　2—椭圆封头　3、5、10—法兰
4、6—再生空气排气管　7—再生空气进气管
8—干燥空气输出管　9—排水管　11、22—密封垫
12、15、20—铜丝过滤网　13—毛毡　14—下栅板
16、21—吸附剂　17—支承板　18—外壳　19—上栅板

4.4.3　气压驱动器

　　气压驱动器是最简单的一种驱动方式，气体驱动元件有直线气缸和旋转气动马达两种。气压驱动器除了用压缩空气作为工作介质外，其他与液压驱动器类似。气动马达和气缸是典型的气压驱动器。气压驱动器结构简单、安全可靠、价格便宜。但是由于空气的可压缩性，其精度和可控性较差，不能应用在高精度的场合。用微处理器直接控制的叶片马达是一种新型的气动马达，其能携带 215.6N 的负载，又能获得高的定位精度（1mm）。

　　由于空气的可压缩性，使得气缸的特性与液压缸的特性有所不同。因为空气在温度和压力变化时将导致密度的变化，所以采用质量流量比体积流量更方便。假设气缸不受热的影响，则质量流量 Q_M 与活塞速度 v 之间的关系为

$$Q_M = \frac{1}{RT}\left(\frac{V}{k}\times\frac{\mathrm{d}p}{\mathrm{d}t}+pAv\right) \tag{4-3}$$

式中，R 为气体常数；T 为热力学温度；v 为气缸腔的容积；k 为比热容常数；p 为气缸腔内压力；A 为活塞的有效受压面积。

　　从式（4-3）可以看出，在系统中，活塞速度与流量之间的关系不像式 $v=Q/A$ 那样简单，气动系统所产生的力与液压系统相同，也可以用式 $F=A\Delta p$ 来表达。典型的气动马达有

叶片马达和径向活塞马达，其工作原理与液压马达相同。气动机械的噪声较大，有时要安装消声器。图 4-28 所示为叶片式气动马达。叶片式气动马达的优点是转速高、体积小、重量轻，其缺点是气动起动力矩较小。

图 4-29 所示为气压驱动器的控制原理，它由放大器、电动部件及变速器、位移（或转角）-气压变换器和气-电变换器等组成。放大器将输入的控制信号放大后去推动电动部件及变速器，电动部件及变速器将电能转化为机械能，产生线位移或角位移。最后，通过位移-气压变换器产生与控制信号相对应的气压值。位移-气压变换器是喷嘴挡板式气压变换器。气-电变换器将输出的气压变成电量用作显示或反馈。

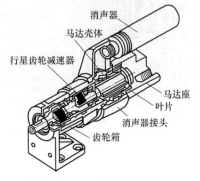

图 4-28　叶片式气动马达

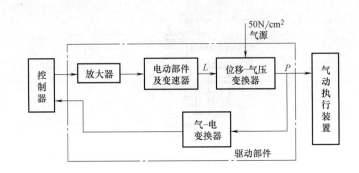

图 4-29　气压驱动器的控制原理

习　题

1. 工业机器人工作时对动力系统的常见要求有哪些？
2. 试对常用电动驱动系统的特点进行比较。
3. 简述液压驱动、气动驱动、电动驱动的优缺点。
4. 工业机器人伺服系统的发展经历了哪三个阶段？
5. 什么是矢量控制？什么是直接转矩控制？
6. 伺服控制器主要有哪四种？
7. 画出交流伺服系统的三闭环结构框图。
8. 永磁同步伺服驱动器主要由哪几部分组成？
9. 简述电液伺服系统工作原理以及它在工业机器人驱动中的作用。
10. 简述电液伺服阀的工作原理。
11. 简述电液比例控制的特点。
12. 气源净化辅助设备包括哪些组成部分？

第 5 章

工业机器人感知系统

工业机器人感知系统通常由多种传感器系统组成，用于感知工业机器人的自身状态和外部环境，通过此信息来决策和控制工业机器人完成任务。目前，使用较多的工业机器人传感器有姿态传感器、力觉传感器、触觉传感器、压觉传感器、接近觉传感器和视觉传感器等。本章主要介绍工业机器人常用的传感器及其工作原理，并对其使用要求以及各种传感器的选择方法和评价方法加以介绍。

5.1 工业机器人传感器概述

研究工业机器人，首先从模仿人开始。通过研究人的劳动我们发现，人类是通过五种熟知的感官（视觉、听觉、嗅觉、味觉、触觉器官）接收外界信息的，这些信息通过神经传递给大脑，大脑对这些分散的信息进行加工、综合后发出行为指令，调动肌体（如手足等）执行某些动作。如果将人类与工业机器人相比较，则人的大脑可与计算机相当，肌体可与工业机器人的机构本体（执行机构）相当，五官可与工业机器人的各种外部传感器相当。也就是说，计算机是人类大脑或智力的外延，执行机构是人类四肢的外延，传感器是人类五官的外延。工业机器人要获得环境的信息，与人类一样需要通过感觉器官来得到信息。人类具有五种感觉，即视觉、嗅觉、味觉、听觉和触觉，而工业机器人感知信息则是通过传感器。传感器处于连接外界环境与工业机器人的接口位置，是工业机器人获取信息的窗口。要使工业机器人拥有智能，对环境变化做出反应，首先，必须使工业机器人具有感知环境的能力，用传感器采集信息是工业机器人智能化的第一步；其次，采取适当的方法，将多个传感器获取的环境信息加以综合处理，控制工业机器人进行智能作业，则是提高工业机器人智能程度的重要体现。因此，传感器及其信息处理系统是构成工业机器人智能的重要部分，它为工业机器人智能作业提供决策依据。

5.1.1 工业机器人传感器的分类

首先，传感器可分为内部的和外部的，其中外部件感应（如视觉或触觉）并不包括在工业机器人控制器的固有部件之中，而内部传感器（如转角编码器）则装入工业机器人内部。工业机器人用传感器也可分为内部传感器和外部传感器。内部传感器是用来确定工业机器人在其自身坐标系内的姿态位置，如用来测量位移、速度、加速度和应力的通用型传感器；而外部传感器则用于工业机器人本身相对其周围环境的定位。外部传感机构的使用使工业机器人能以柔性方式与其环境互相作用，负责检测诸如距离、接近程度和接触程度之类的变量，便于工业机器人的引导及物体的识别和处理。尽管接近觉、触觉和力觉传感器在提高工业机器人性能方面具有重大的作用，但视觉被认为是工业机器人重要的感觉能力。工业机器人视觉可定义为从三维环境的图像中提取、显示和说明信息的过程，这一过程通常也称为机器或计算机视觉。使用传感技术，使工业机器人在应对环境时具有较高的智能，是工业机器人领域中一项活跃的研究和开发课题。

几乎所有的工业机器人都使用内部传感器，如为测量回转关节位置的编码器和测量速度以控制其运动的测速计。大多数控制器都具备接口能力，故来自输送装置、机床以及工业机器人本身的信号被综合利用以完成一项任务。工业机器人的感觉系统通常指工业机器人的外部传感器，如视觉传感器，这些传感器使工业机器人能获取外部环境的有用信息，可为更高层次的工业机器人控制提供更好的适应能力，也就是使工业机器人增加了自动检测能力，提高了工业机器人的智能。目前，视觉和其他传感器已被广泛应用，如用在带有中间检测的加工工程、有适应能力的材料装卸、弧焊和复杂的装配作业等基本操作之中。已经出现了一个由工业机器人视觉公司组成的新型产业。

另一种是根据传感器完成的功能来分类。尽管还有许多传感器有待发明，但现有的已形成通用种类，如工业机器人在不与零件接触的场合采集信息时，它的采样环节就需使用非接触传感器。这是指传感器装配在工业机器人上的情况。用外部传感器如另设的触觉测试器也能检测形状。对于非接触传感器，可以划分为只测量一个点的响应和给出一个空间阵列或若干相邻点的测量信息两类。例如，利用超声测距装置测量一个点的响应，它是在一个锥形信息收集空间内测量靠近物体的距离。照相机是测量空间阵列信息最普通的装置。

对接触传感器也可进行相似的分类。接触传感器可以测定是否接触，也可以测量力或力矩。最普通的触觉传感器就是一个简单的开关，当它接触零部件时，开关闭合。力或力矩传感器可按牛顿定律公式（即力等于质量与加速度的乘积，而力矩等于惯量与角加速度的乘积）进行测量。一个简单的力传感器，可用一个加速度仪来测量其加速度，进而得到被测力。这些传感器也可按用直接方法还是间接方法测量来分类。例如，力可以从工业机器人手上直接测量，也可从工业机器人对工件表面的作用间接测量。力传感器和触觉传感器还可进一步细分为数字式和模拟式，以及其他类别。

5.1.2　多传感器信息融合技术的发展

20世纪80年代初，多传感器信息融合的研究受到广泛关注。多传感器信息融合的应用土壤是各种实用的多传感器系统，多传感器系统与工业机器人相结合，形成感觉机器人和智能机器人。感觉机器人与智能机器人的界限不是非常明确，一般认为感觉机器人拥有一定的感觉，但只有低级的智能，没有复杂的信息处理系统，只能在结构化的环境中从事简单的工作；而智能机器人能认识工作环境、工作对象及其状态，它能根据人给予的指令和"自身"认识外界的结果来独立地决定工作方法，利用操作机构和移动机构实现任务目标，并能适应工作环境的变化。多传感器信息融合系统与机器人结合起来，就构成了智能机器人。

多传感器信息融合系统在机器人领域内主要有以下几方面的应用。

1. 移动机器人

自主自导的移动机器人需要一些固定式机器人所不需要的特殊传感器。从安全方面考虑非常有必要为移动机器人配备多个传感装置，如使机器人避免碰撞或利用传感器反馈的信息进行引导、定位以及寻找目标等的装置。这些包括接触式触觉传感器、接近觉传感器、局部及整体位置传感器和水平传感器等多种传感器。这种机器人属于智能型机器人，它在很多方面得到了应用，如工业用材料运输车、军事哨兵、照顾病人、家务劳动、平整草坪和真空吸尘等。

移动机器人所需要的（局部和整体位置信息都可能需要）最重要也是最难的传感器系统之一就是定位装置。这种位置信息的准确度对确定机器人控制对策也是很重要的，因为机器人作业的成功与准确与机器人定位的成功与准确直接相关。事实上，安装轴角编码器对短距离可提供准确信息，而由于轮子打滑以及其他因素，对长距离可能造成大的累积误差。所以，一些可修正确定位置的整体方法也是需要的。

在移动式机器人车中安装有一种整体定位系统，其在使用整体定位装置时可能还需要把一幅地图编程输入到机器人的存储器中，这样即可根据其当前位置和预期位置拟定对策。这个现实需要已经促使一些研究人员去开发设计机器人环境地图的方法。例如，移动机器人上的测距装置可测出其与周围环境中各物体的距离，经进一步处理，即可得出一幅地图。

2. 传感器与集成控制

因为一台智能机器人可能采用很多种传感器，所以把传感的信息和存储的信息集成起来，形成控制规则也是重要的问题。在某些情况下，一台计算机就完全能够控制机器人。在某些复杂系统中，移动机器人或柔性制造系统可能要采用分层的、分散的计算机。一台执行控制器可用以完成总体规划，它把信息传递给一系列专用的处理器以控制机器人各功能，并从传感器系统接收输入信号。不同的层次可用于完成不同的任务。一台具有高级语言能力的大型中心微处理机，与在一条公共总线上的若干台较小的微处理器相联，可提供一种分层控制的执行方式。这样，规划可包括在主控制器中，而高速动作可由分散的微处理器控制。

分散的传感器和控制系统在许多方面很像人类的中枢神经系统。人类的很多动作可由脊椎神经网络控制，而无需大脑的意识控制。这种局部反应和自主功能对人类的生存是必要的。如何让机器人具有这类功能也是非常重要的。对机器人这类机构的研究能使人们进一步理解如何才能让机器人工作得更像人类一样。

5.2　工业机器人内部传感器

工业机器人内部传感器一般是指安装在工业机器人内部的传感器，用来感知工业机器人自身的状态，包括工业机器人的位置、速度、加速度等。

5.2.1　位置和角度传感器

1. 电位计

位置感觉是机器人最基本的感觉要求，它可以通过多种传感器来实现。常用的工业机器人位置传感器有电阻式位移传感器、电容式位移传感器、电感式位移传感器、光电式位移传感器、霍尔元件位移传感器、磁栅式位移传感器以及机械式位移传感器等。工业机器人各关节和连杆的运动定位精度要求、重复精度要求以及运动范围要求是选择工业机器人位置传感器的基本依据。

典型的位置传感器是电位计（也称为电位差计或分压计），它由一个线绕电阻（或薄膜电阻）和一个滑动触头组成。其中滑动触头通过机械装置受被检测量的控制。当被检测的位置量发生变化时，滑动触头也发生位移，从而改变了滑动触头与电位器各端之间的电阻值和输出电压值；根据这种输出电压值的变化，可以检测出工业机器人各关节的位置和位移量。

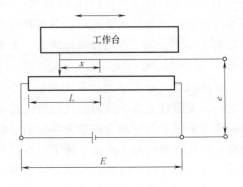

图 5-1 所示为线性电位计，这是一个位置传感器的实例。在载有物体的工作台下面有与电阻接触的触头，当工作台左右移动时，接触触头也随之左右移动，从而改变了与电阻接触的位置。检测的是以电阻中心为基准位置的移动距离。

图 5-1 线性电位计

假定输入电压为 E，最大移动距离（从电阻中心到一端的长度）为 L，在可动触头从中心向左端移动 x 的状态，假定电阻右侧的输出电压为 e。若在图 5-1 所示的电路上流过一定的电流，由于电压与电阻的长度成比例（全部电压按电阻长度进行分压），所以左、右的电压比等于电阻长度比，即

$$(E-e)/e=(L-x)/(L+x) \tag{5-1}$$

因此，可得移动距离 x 为

$$x=\frac{L(2e-E)}{E} \tag{5-2}$$

将图中的电阻元件弯成圆弧形，可动触头的另一端固定在圆的中心，并像时针那样回转时，由于电阻长度随相应的回转角而变化，因此基于上述同样的理论可构成角度传感器。如图 5-2 所示，这种电位计由环状电阻器和与其一边电气接触一边旋转的电刷共同组成。当电流沿电阻器流动时，形成电压分布。如果将这个电压分布制作成与角度成比例的形式，则从

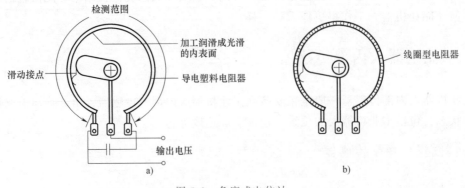

图 5-2 角度式电位计

a）导电塑料型 b）线圈型

电刷上提取出的电压值也与角度成比例。作为电阻器，可以采用两种类型：一种是用导电塑料经成形处理做成的导电塑料型，如图 5-2a 所示；另一种是在绝缘环上绕上电阻线做成的线圈型，如图 5-2b 所示。

图 5-3 所示为光电位置传感器。如果事先求出光源（LED）和感光部分（光电晶体管）之间的距离与感光量的关系（图 5-3b），就能从测量的感光量计算出位移 x。

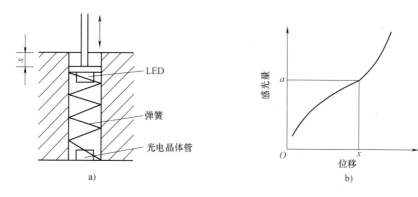

图 5-3　光电位置传感器
a）机构　b）感光量曲线

2. 编码器

应用最多的旋转角度传感器是旋转编码器。旋转编码器又称转轴编码器、回转编码器等，它把连续输入的轴的旋转角度同时进行离散化（样本化）和量化处理后予以输出。

把旋转角度的现有值用二进制码表示进行输出，这种形式的编码器称为绝对值型；另一种形式是每旋转一定角度，就有 1 位的脉冲（1 和 0 交替取值）被输出，这种形式的编码器称为相对值型（增量型）。相对值型用计数器对脉冲进行累积计算，从而可以得知相对于初始角旋转的角度。根据检测方法的不同，编码器可以分为光学式、磁场式和感应式。一般来说，普及型编码器的分辨率能达到 2^{-12}，高精度型编码器的分辨率可以达到 2^{-20}。

光学编码器是一种应用广泛的角位移传感器，其分辨率完全能满足工业机器人的技术要求。这种非接触型传感器可分为绝对型和增量型。对绝对型编码器，只要把电源加到用这种传感器的机电系统中，编码器就能给出实际的线性或旋转位置。因此，用绝对型编码器的工业机器人关节不要求校准，只要一通电，控制器就知道关节的实际位置。而增量型编码器只能提供与某基准点对应的位置信息，所以用增量型编码器的工业机器人在获得真实位置信息以前，必须首先完成校准程序。线性或旋转编码器都有绝对型和增量型两类，旋转型器件在工业机器人中的应用特别多，因为工业机器人的旋转关节远远多于棱柱形关节。由于线性编码器成本高，所以以线性方式移动的关节（如球坐标工业机器人）都用旋转编码器。

（1）光学式绝对型旋转编码器　图 5-4 所示为光学式绝对型旋转编码器。在输入轴上的旋转透明圆盘上，设置 n 条同心圆状的环带，对环带上角度实施二进制编码，并将不透明条纹印刷到环带上。

将圆盘置于光线的照射下，当透过圆盘的光由 n 个光传感器进行判读时，判读出的数据变成 $n$bit 的二进制码。二进制码有多种不同的种类，其中只有葛莱码是没有判读误差的，所以它获得了广泛的应用。编码器的分辨率由比特数（环带数）决定，如 12bit 编码器的分

辨率为 $2^{-12} = 1/4096$，并对 1 转 360°进行检测，所以可以有 360°/4096 的分辨率。

对于绝对型旋转编码器，可以用一个传感器检测角度和角速度。因为这种编码器的输出表示的是旋转角度的现时值，所以若对单位时间前的值进行记忆，并取它与现时值之间的差值，就可以求得角速度。

（2）光学式增量型旋转编码器　图 5-5 所示为光学式增量型旋转编码器。在旋转圆盘上设置一条环带，将环带沿圆周方向分割成 m 等份，并用不透明的条纹印刷到上面。将圆盘置于光线的照射下，透过去的光线用一个光传感器（A）进行判读。因为圆盘每转过一定角度，光传感器的输出电压 A 在 H（high level）与 L（low level）之间就会交替地进行转换，所以当把这个转换次数用计数器进行统计时，就能够知道旋转过的角度。

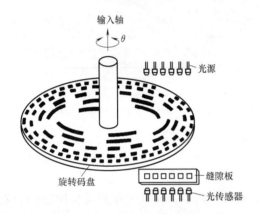

图 5-4　光学式绝对型旋转编码器

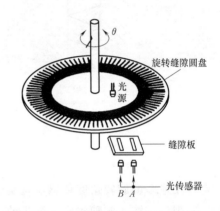

图 5-5　光学式增量型旋转编码器

由于这种方法不论是顺时针方向（CW）旋转时，还是逆时针方向（CCW）旋转时，都同样地会在 H 与 L 之间交替转换，所以不能得到旋转方向，因此，从一个条纹到下一个条纹可以作为一个周期，在相对于光传感器（A）移动 1/4 周期的位置上增加一个光传感器（B），并提取输出量。于是，输出量 A 的时域波形与输出量 B 的时域波形在相位上相差 1/4 周期，如图 5-6 所示。

通常，沿顺时针方向（CW）旋转时 A 的变化比 B 的变化先发生，沿逆时针方向（CCW）旋转时则情况相反，因此可以得知旋转方向。

在采用增量型旋转编码器的情况下，得到的是从角度的初始值开始检测到的角度变化，问题变为要知道现在的角度，就必须利用其他方法来确

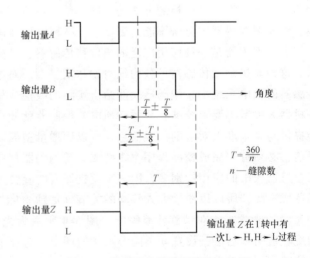

图 5-6　增量型旋转编码器输出波形

定初始角度。角度的分辨率由环带上缝隙条纹的个数决定。例如，在 1 转（360°）内能形成 600 个缝隙条纹，就称其为 600p/r（脉冲/转）。此外，以 2 的幂乘作为基准，如 $2^{11} =$

2048p/r 等这样一类分辨率的产品已经在市场上销售了。

增量型旋转编码器也可以用一个传感器检测角度和角速度。这种编码器单位时间内输出脉冲的数目与角速度成正比。

包含绝对值型和增量型两种类型的混合编码器也已经开发出来。在使用这种编码器时，在确定初始位置时，用绝对值型来进行；在确定由初始位置开始的变动角的精确位置时，则可以用增量型。

如果不用圆形转盘而是采用一个轴向移动的板状编码器，则称为直线编码器。它用于检测单位时间的位移距离，即速度传感器。直线编码器与回转编码器一样，也可做位置传感器和加速度传感器。

（3）激光编码器　采用伺服电动机驱动的位置控制工业机器人，其高速旋转的电动机必须与低速转动的关节的速度相配合，为了获得转矩，应设计电动机与关节之间的减速器。因此，当角度传感器不能直接连接到关节而是连接到电动机上时，检测关节角度的分辨率乘以齿轮比后其值会变大，因而是有利的。因为大多数工业机器人采用了这种形式，所以在伺服电动机中组装上旋转编码器。

但是，齿轮旋转时，如果摩擦力大，则会出现齿隙和偏斜，从而不能平滑地运行。为了解决这一问题，就产生了不使用齿轮，而让电动机与关节直接连接的工业机器人，这种形式的工业机器人称为直接驱动型工业机器人。但是，如果采用这种工业机器人，由于没有齿轮，不能再用齿轮比来增强对关节角度的检测能力，就必须研究具有高分辨率的传感器。

其中，具有代表性的产品是激光干涉式编码器，这种编码器是一种每转能输出 225000 个正弦波的设备。因为这种正弦波的形状非常精确，所以可以利用电气方法进行精细的分割。例如，一个正弦波被分割成 80 份时，则可以获得每转具有 1800 万个脉冲输出的产品。

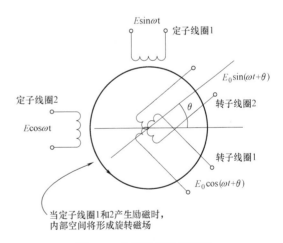

图 5-7　分相器的工作原理

3. 分相器

分相器是一种用来检测旋转角度的旋转型感应电动机，输出的正弦波相位随着转子旋转角度的变化做相应的变化。根据这种相位变化，可以检测出旋转角度。

分相器的工作原理如图 5-7 所示。当在两个相互成直角配置的固定线圈上，施加相位差为 90° 的两相正弦波电压 $E\sin\omega t$ 和 $E\cos\omega t$ 时，在内部空间会产生旋转磁场。于是，当在这个磁场中放置两个相互成直角的旋转线圈时（设与固定线圈之间的相对转角为 θ），则在两个旋转线圈上产生的电压分别为 $E_0\sin(\omega t+\theta)$ 和 $E_0\cos(\omega t+\theta)$。

若用识别电路把这个相位差识别出来，就可以实现 2^{-17} 的分辨率。

5.2.2　姿态传感器

姿态传感器是用来检测工业机器人与地面相对关系的传感器。当工业机器人被限制在工厂的地面时，没有必要安装这种传感器。但是当工业机器人脱离了这个限制，并且能够进行自由的移动，安装姿态传感器就成为必要的了。姿态传感器设置在工业机器人的躯干部分，用来检测移动中的姿态和方位变化，保持工业机器人的正确姿态，并且实现指令要求的方位。

1. 陀螺仪

典型的姿态传感器是陀螺仪，主要用于测量对象的角旋转速率，是惯导系统中最主要的器件之一，其性能好坏直接影响工业机器人定位的精度。传统的陀螺仪是利用高速旋转的物体（转子）保持其一定的姿态。转子通过一个支承它的、被称为万向接头的自由支持机构，安装在工业机器人上。除此以外，还有气体速率陀螺仪，其利用了姿态变化时气流也发生变化这一现象。这种传统的转子式陀螺结构复杂，价格非常昂贵。由于受到旋转部件摩擦损耗的影响，转子式陀螺寿命不长。此外，转子式陀螺的体积与质量大、功耗高。

由于光电技术的飞速发展，特别是激光的发明和低损耗光纤的出现，使陀螺仪的工作原理、制造工艺和应用状态发生了根本性的变化，出现了一系列没有高速旋转转子的固体陀螺仪，如液浮陀螺仪、静电陀螺仪、动力调谐陀螺仪、激光陀螺仪和光纤陀螺仪等。其中，光纤陀螺仪是利用了当环路状光相对于惯性空间旋转时，沿这种路径传播的光会因旋转而呈现速度变化的现象。

光纤陀螺仪的种类很多，按工作原理可以分为干涉型和谐振腔型，按测量方式可以分为开环型和闭环型。开环光纤陀螺仪有两个重要的缺陷：一是动态范围窄，在（$-\pi$，$+\pi$）区间的端点上存在非线性区，不允许输入过高的转速；二是由于存在非互易的相移，造成了零点漂移。因此，目前常用的是闭环型。

闭环光纤陀螺仪的工作原理是基于萨格纳克（Sagnac）效应，即在同一闭合回路中，由同一光源发出的光沿着顺时针方向和逆时针方向传播，其两束光的光程差和相位差与闭合回路的旋转速度成正比。闭环干涉光纤陀螺仪总是工作在特性曲线的最灵敏区，即零点附近。

目前，闭环光纤陀螺仪可分为全光纤型和集成光学型。全光纤型中的各主要部件都由光纤构成，光全都在光纤中传播，光的模式变化状态比较简单，模式控制比较容易实现，光路准直问题相对容易解决，总体损耗少，光路形成后，性能相对比较稳定，成本低。它的问题是系统的总体性能与陀螺仪的装调技术密切相关，制造的难度和周期高于集成光学型，调制方式受带宽限制。全光纤型陀螺仪的相位调制器采用光纤围绕在压电陶瓷上，陶瓷环有机械振动，所以受到带宽的影响，影响了精密调相。

光纤陀螺仪产生误差的原因错综复杂，一般来讲，按误差性质来分可以分为随机误差和常值漂移；按产生原因来分可以分为由外部因素产生的误差项和内部因素产生的误差项，外部因素包括温度变化、地球自转、地球磁场等，内部因素包括各元器件的参数漂移和工作特性；按性能参数来分包括角度随机游走、零偏稳定性、速率随机游走、斜坡速率、量化噪声等。实际上，上面的分类法也不是绝对的，之所以光纤陀螺仪产生误差的原因复杂，就是因为各种误差相互关联和相互影响。

目前，光纤陀螺仪的发展呈下列趋势：采用闭环检测方案、光路结构趋于集成化、信号处理全数字化、工艺上采用无焊点。随着新技术的应用，光纤陀螺仪的精度也在不断地提升。

2. 加速度计

陀螺仪可以用来测量工业机器人姿态变化中绕某个轴的旋转角速度，加速度计测量的则是外部作用于传感器上的力（包括重力），通过力来获取工业机器人的姿态变化加速度。通过加速度测量值的一次积分或二次积分可分别求出角度或位置参量。倾角仪实质上是加速度计的集成，用于测量三维环境中工业机器人的俯仰或横滚角度。

机械加速度计本质上是一种弹簧质量阻尼器系统，由质量检测块、支承、电位器、弹簧、阻尼器和壳体组成。质量检测块受支承的约束只能沿一条轴线移动，这个轴为输入轴或敏感轴。当施加某种力时，力作用于质量检测块使弹簧发生位移。外力大小与弹簧位移成比例，根据位移和阻尼大小从而计算出外力。

机械加速度计的问题是对振动特别敏感。另外，还有一种压电加速度计，它不是依靠直接的机械测量外力，而是基于某些晶体在压力下产生电压的特性，通过测量电压变化来计算外力。

此外，根据加速度计输入轴的数目分类，有单轴、双轴和三轴加速度计，可以分别测量一维、二维和三维空间的加速度。

5.3　工业机器人外部传感器

5.3.1　触觉传感器

工业机器人触觉的原型是模仿人的触觉功能，通过触觉传感器与被识别物体相接触或相互作用来完成对物体表面特征和物理性能的感知。触觉有接触觉、压觉、滑觉、力觉四种，狭义的触觉按照字面来看是指前三种感知接触的感觉。目前还难以实现的材质感觉，如丝绸、皮肤触感，也包含在触觉中。

1. 接触觉传感器

工业机器人在探测是否接触到物体时有时用开关传感器，传感器接收由于接触产生的柔量（位移等的响应）。机械式的接触觉传感器有微动开关、限位开关等。

微动开关是具有微小触头间隔和快动机构，用规定的行程和规定的力进行开关动作的触头机构。接触觉传感器即使用很小的力也能动作，多采用杠杆原理。限定工业机器人动作范围的限位开关等也可用于接触感知。图 5-8 所示为接触觉传感器的机构和使用示例。

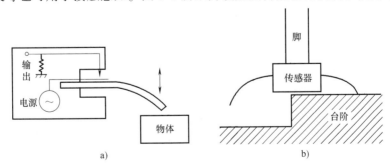

图 5-8　接触觉传感器示例

a）机构　b）使用示例

例如，在工业机器人手爪的前端及内外侧面，或相当于手掌心的部分安装接触觉传感器，通过识别手爪上接触物体的位置，可使手爪接近物体并且准确地完成把持动作。

2. 压觉传感器

对于人类来说，压觉是指用手指把持物体时感受到的感觉，工业机器人的压觉传感器就是装在其手上面，可以在把持物体时检测到物体与手之间产生的压力以及其分布情况的传感器。检测这些量要用许多压电元件。压电元件照字面上看，是指在其上施加压力就会产生电信号（即产生压电现象）的元件。对于机械式检测，可以使用弹簧。

压电现象的机理是在显示压电效果的物质上施力时，由于物质被压缩而产生极化（与压缩量成比例），如果在两端接上外部电路，电流就会流过，所以通过测量这个电流就可构成压力传感器。压电元件可通过计测力 F 来获得计测仪器上的加速度 a（$a = F/m$）。将加速度输出，通过电阻和电容构成的积分电路可求得速度，再进一步把速度输出积分，就可求得移动距离，因此能够比较容易构成振动传感器。

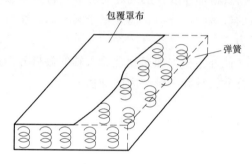

图 5-9　压觉传感器

如果把多个压电元件和弹簧排列成平面状，就可识别各处压力的大小以及压力的分布。使用弹簧的平面压觉传感器如图 5-9 所示，由于压力分布可表示物体的形状，所以也可作为物体识别传感器。虽然不是工业机器人形状，但把手放在一种压电元件的感压导电橡胶板上，通过识别手的形状来鉴别人的系统，也是压觉传感器的一种应用。

通过对压觉的巧妙控制，工业机器人既能抓取豆腐及蛋等软物体，也能抓取易碎的物体。

3. 滑觉传感器

滑觉传感器是检测垂直加压方向的力和位移的传感器，如图 5-10 所示。当用手抓取处于水平位置的物体时，手对物体施加水平压力，垂直方向作用的重力会克服这一压力使物体下滑。

将物体的运动约束在一定面上的力，即垂直作用在这个面的力称为阻力 R（如离心力和向心力垂直于圆周运动方向且作用在圆心）。考虑面上有摩擦时，还有摩擦力 F 作用在这个面的切线方向阻碍物体运动，其大小与阻力 R 有关。假设 μ_0 为静摩擦因数，则 $F \leq \mu_0 R$，静止物体刚要运动时，$F = \mu_0 R$ 称为最大摩擦力。设动摩擦因数为 μ；则物体运动时，摩擦力 $F = \mu R$。

假设物体的质量为 m，重力加速度为 g，将图 5-10 中所示的物体看作是处于滑落状态，则手的把持力 F 是为了把物体束缚在手爪面上，垂直作用于手爪面的把持力 F 相当于阻力 R。当向下的重力 mg 比最大摩擦力 $\mu_0 F$ 大时，物体会滑落；当重力 $mg = \mu_0 F$ 时，把持力 $F_{\min} = mg/\mu_0$，称为最小把持力。

作为滑觉传感器的例子，可用贴在手爪上的面状压觉传感器（图 5-9）检测感知的压觉分布重心之类特定点的移动。而在图 5-10 的例子中，若把持的物体是轴线处于水平状态的圆柱体，则其压觉分布重心移动时的情况如图 5-11 所示。

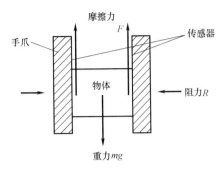

图 5-10 滑觉传感器

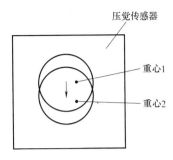

图 5-11 滑觉传感器应用

4. 力觉传感器

通常将工业机器人的力觉传感器分为以下三类:

1）装在关节驱动器上的力觉传感器，称为关节力传感器，它测量驱动器本身的输出力和力矩，用于控制中的力反馈。

2）装在末端执行器和工业机器人最后一个关节之间的力觉传感器，称为腕力传感器。腕力传感器能直接测出作用在末端执行器上的各向力和力矩。

3）装在工业机器人手指关节上（或指上）的力觉传感器，称为指力传感器，用来测量夹持物体时的受力情况。

工业机器人的这三种力觉传感器依其不同的用途有不同的特点，关节力传感器用来测量关节的受力（力矩）情况，信息量单一，传感器结构也较简单，是一种专用的力传感器；指力传感器一般测量范围较小，同时受手爪尺寸和重量的限制，其在结构上要求小巧，也是一种较专用的力传感器；腕力传感器从结构上来说，是一种相对复杂的传感器，它能获得手爪三个方向的受力（力矩），信息量较多，又由于其安装的部位在末端执行器和工业机器人手臂之间，比较容易形成通用化的产品系列。

力觉传感器主要使用的元件是电阻应变片。电阻应变片是利用金属丝拉伸时电阻变大的现象，将它粘贴在加力的方向上，对电阻应变片在左右方向上加力，用导线将电阻应变片接到外部电路上，如图 5-12 所示，可测定输出电压，算出电阻值的变化。

下面来求解图 5-12 所示电阻应变片作为电桥电路一部分时的电阻值变化。为了便于说明，将其简化成图 5-13 所示的检测状态。

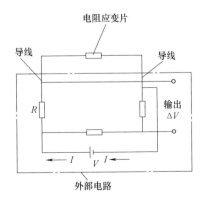

图 5-12 力觉传感器电桥电路

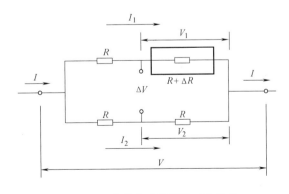

图 5-13 力觉传感器测量时的状态

在不加力的状态下，电桥上的 4 个电阻是同样的电阻值。假设向左右拉伸，电阻应变片的电阻增加 ΔR（假设 $\Delta R \ll R$）。这时，电路上各部分的电流和电压如图 5-13 所示，它们之间存在如下关系：

$$V = (2R + \Delta R)I_1 = 2RI_2 \tag{5-3}$$

$$V_1 = (R + \Delta R)I_1 = RI_2 \tag{5-4}$$

$$V_2 = RI_2 \tag{5-5}$$

V_1 和 V_2 之差的输出电压 ΔV，如果忽略泰勒展开式的高次项，则变为

$$\Delta V = V_1 - V_2 = \frac{(V/2)(\Delta R/2R)}{1 + \dfrac{\Delta R}{2R}} \approx \frac{V \Delta R}{4R} \tag{5-6}$$

所以，电阻值的变化可由下式算出：

$$\Delta R = \frac{4R\Delta V}{V} \tag{5-7}$$

上面所计算的电阻应变片，测定的只是一个轴方向的力。如果力是任意方向时，最好在三个轴方向分别贴上电阻应变片。

对于力控制工业机器人，当对来自外界的力进行检测时，根据力的作用部位和作用力的情况，传感器的安装位置和构造会有所不同。例如，当希望检测来自所有方向的接触时，需要用传感器覆盖全部表面。这时，要使用分布型传感器，把许多微小的传感器进行排列，用来检测在广阔的面积内发生的物理量变化，这样组成的传感器，称为分布型传感器。虽然目前还没有对全部表面进行完全覆盖的分布型传感器，但是能为手指和手掌等重要部位设置的小规模分布型传感器已经开发出来了。因为分布型传感器是许多传感器的集合体，所以在输出信号的采集和数据处理中需要采用特殊技术。

目前，在手腕上配置力传感器技术获得了广泛应用。其中，六轴传感器能够在三维空间内检测所有的作用转矩。转矩是作用在旋转物体上的力矩，也称旋转力矩。在表示三维空间时，采用三个轴互成直角相交的坐标系。在这个三维空间中，力能使物体做直线运动，转矩能使物体做旋转运动。力可以分解为沿三个轴方向的分量，转矩也可以分解为围绕着三个轴的分量，而六轴传感器就是一种能对这些力和转矩的全部进行检测的传感器。

工业机器人腕力传感器测量的是三个方向的力（力矩），由于腕力传感器既是测量的载体又是传递力的环节，所以腕力传感器的结构一般为弹性结构梁，通过测量弹性体的变形得到三个方向的力（力矩）。

图 5-14 所示为 DraperWaston 六维腕力传感器。它将一个整体金属环按等间距 120° 在周向分布成三根细梁。其上部圆环上的螺孔与手臂相连，下部圆环上的螺孔与手爪连接，传感器的测量电路置于空心的弹性构架体内。该传感器结构比较简单，灵敏度较高，但六维力（力矩）的获得需要解耦运算，传感器的抗过载能力较差，容易受损。

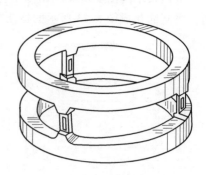

图 5-14　DraperWaston
六维腕力传感器

图 5-15 所示为 SRI（Stanford Research Institute）研制的六维腕力传感器。它由一只直径

为 75mm 的铝管铣削而成，具有八根窄长的弹性梁，每一个梁的颈部开有小槽以使颈部只传递力，转矩作用很小。梁的另一头两侧贴有应变片，若应变片的电阻值分别为 R_1、R_2，则将其连成图 5-16 所示的形式输出，由于 R_1、R_2 所受应变方向相反，输出 V_{out} 比使用单个应变片时大 1 倍。

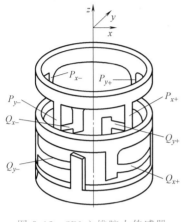

图 5-15 SRI 六维腕力传感器

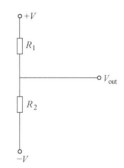

图 5-16 SRI 六维腕力传
感器应变片连接方式

用 P_{x+}、P_{x-}、P_{y+}、P_{y-}、Q_{x+}、Q_{x-}、Q_{y+}、Q_{y-} 代表图 5-15 所示八根应变梁的变形信号输出，则六维力（力矩）可表示为

$$F_x = k_1(P_{y+} + P_{y-}) \tag{5-8}$$

$$F_y = k_2(P_{x+} + P_{x-}) \tag{5-9}$$

$$F_z = k_3(Q_{x+} + Q_{x-} + Q_{y+} + Q_{y-}) \tag{5-10}$$

$$M_x = k_4(Q_{y+} - Q_{y-}) \tag{5-11}$$

$$M_y = k_5(Q_{x+} - Q_{x-}) \tag{5-12}$$

$$M_z = k_6(P_{x+} - P_{x-} + P_{y-} - P_{y+}) \tag{5-13}$$

式中，k_1、k_2、k_3、k_4、k_5、k_6 为结构系数，由实验测定。

该传感器为直接输出型力传感器，不需要再做运算，并能进行温度自动补偿。其主要缺点是维间有一定耦合，弹性梁的加工难度大，且刚性较差。

图 5-17 所示为日本大和制衡株式会社林纯一研制的六维腕力传感器。它是一种整体轮辐式结构，传感器在十字架与轮缘连接处有一个柔性环节，因而简化了弹性体的受力模型（在受力分析时可简化为悬臂梁）。在四根交叉梁上总共贴有 32 个应变片（图中以小方块表示），组成八路全桥输出，六维力的获得必须通过解耦计算。这一传感器一般将十字交叉主杆与手臂的连接件设计成弹性体变形限幅的形式，可有效起到过载保护作用，是一种较实用的结构。

图 5-18 所示是一种非径向三梁中心对称结构的腕力传感器，传感器的内圈和外圈分别固定于工业机器人的手臂和手爪，力沿与内圈相切的三根梁进行传递。每根梁的上下、左右各贴一对应变片，这样非径向的三根梁共贴有 6 对应变片，分别组成六组半桥，对这六组电桥信号进行解耦可得到六维力（力矩）的精确解。这种力觉传感器结构有较好的刚性。

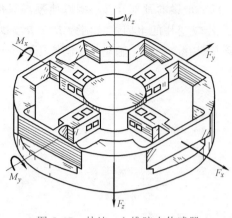

图 5-17 林纯一六维腕力传感器

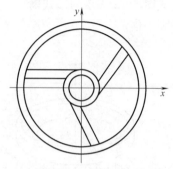

图 5-18 非径向中心对称的腕力传感器

因为传感器的安装位置只有在靠近操作对象时才比较合适，所以不设置在肩部和肘部，而设置在手腕上。其理由是，当在传感器与操作对象之间加进多余的机构时，这个机构的惯性、黏性和弹性等会出现在控制环路以外，因此在不能进行反馈控制的工业机器人动态特性中会造成残存的偏差，所以在手腕的前端只安装了惯性较小的手。

5.3.2 距离传感器

1. 超声波距离传感器

超声波距离传感器由发射器和接收器构成。几乎所有超声波距离传感器的发射器和接收器都是利用压电效应制成的。其中，发射器是利用给压电晶体加一个外加电场时，晶片将产生应变（压电逆效应）这一原理制成的；接收器的原理是，当给晶片加一个外力使其变形时，在晶体的两面会产生与应变量相当的电荷（压电正效应），若应变方向相反，则产生电荷的极性反向。图 5-19 所示为一个共振频率在 40kHz 附近的超声波发射接收器结构图。

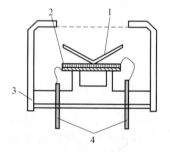

图 5-19 超声波发射
接收器结构图
1—锥状体　2—压电元件
3—绝缘体　4—引线

超声波距离传感器的检测方式有脉冲回波式和 FW-CW（调频连续波）式两种。

（1）脉冲回波式　在脉冲回波式中，先将超声波用脉冲调制后发射，根据经被测物体反射回来的回波延迟时间 Δt，计算出被测物体的距离 R，假设空气中的声速为 v，则被测物体与传感器间的距离 R 为

$$R = v \times \Delta t / 2 \tag{5-14}$$

超声波的传播速度易受空气中温度、湿度、压强等因素的影响，其中受温度影响较大。如果空气温度为 T（℃），则声速 v 可由下式求得：

$$v = 331.45 + 0.607T \tag{5-15}$$

（2）FW-CW（调频连续波）式　它是采用连续波对超声波信号进行调制，将由被测物体反射延迟 Δt 时间后得到的接收波信号与发射波信号相乘，仅取出其中的低频信号就可以得到与距离 R 成正比的差频 f_r 信号，设调制信号的频率为 f_m，调制频率的带宽为 Δf，则可

求得被测物体的距离 R 为

$$R = f_r v / 4 f_m \Delta f \tag{5-16}$$

一般超声波探测器的频率为 40Hz，探测范围为 12cm~5m，精度为 98%~99.1%，分辨率为 2cm。同时超声波是一个 20°~40° 角的面探测，所以可以使用若干个超声波组成一个超声波阵列来获得 180°、甚至 360° 的探测范围。

2. 激光距离传感器

激光雷达大部分都是靠一个旋转的反射镜将激光发射出去并通过测量发射光和从物体表面反射回来的反射光之间的时间差来进行测距。激光雷达测距采用飞行时间法（Time-of-flight，TOF），测量发射光束与从障碍表面反射回来的反射光束之间的时间差 Δt，与光速 c 相乘，取乘积的一半就得到障碍的距离信息，其中光速 $c = 3.0 \times 10^8 \text{m/s}$。假定障碍到激光雷达的距离为 d，则有

$$d = \frac{\Delta t \times c}{2} \tag{5-17}$$

根据扫描机构的不同，激光雷达通常有二维和三维两种类型。二维激光雷达只在一个平面上扫描，结构简单，测距速度快，系统稳定可靠。三维激光雷达除了提供距离信息外，还提供激光的反射强度信息，但价格昂贵，体积大而笨重，尤其是成像速度慢的弱点在很大程度上制约了其应用领域。

图 5-20a 所示为德国 SICK 公司生产的激光雷达 LMS291。LMS291 只提供线扫描功能，但可以通过安装在精密云台上，借助云台的俯仰和旋转运动进行面扫描，从而可以实现对三维环境的感知。LMS291 的最大扫描角度为 180°，如图 5-20b 所示。当选择角度解析度为 0.5° 时，从右向左扫描能获得前方障碍的 361 个距离数据。激光雷达每次测量的数据都是一些离散的、局部的数据点，最大扫描频率为 25Hz，能快速提供障碍的距离信息。根据传感器的逆时针扫描模式，可以知道每一个点所对应的角度，结合这 361 个点的距离，就可以计算出这些点的二维平面坐标。激光雷达 LMS291 的技术数据见表 5-1。

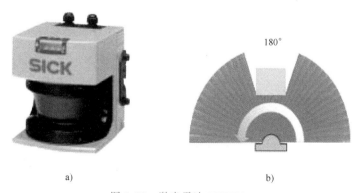

a)　　　　　　　　　　　　b)

图 5-20　激光雷达 LMS291

a）实物图　b）扫描角度

为了使测量的障碍距离数据更准确，需要对激光雷达的测量数据进行校正。可以采用线性最小二乘法对一定范围内的激光雷达测量数据进行校正。

表 5-1   激光雷达 LMS291 的技术数据

性能指标名称	性能指标参数	性能指标名称	性能指标参数
最大测量距离	80m	响应时间	13ms/26ms/53ms
分辨率	1cm	电源	DC 24V
系统误差	−6～+6cm	输出	RS-422 max. 500kBaud
扫描角度	100°/180°	环境温度	0～+50℃
角度分辨率	1°/0.5°/0.25°	尺寸	155mm×185mm×165mm

3. 接近觉传感器

探测非常近的物体存在的传感器称为接近觉传感器。相同极性的磁铁彼此靠近时的排斥力与距离的二次方成反比，所以探测排斥力就可知道两磁铁的接近程度。这是最为大家熟知的接近觉传感器。可是作为工业机器人用的接近觉传感器，由于物体大多数不是磁性体，所以不能利用磁铁的传感器。

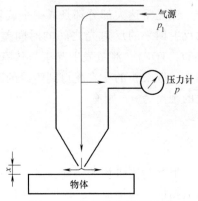

图 5-21   接近觉传感器示例

一种检测反作用力的方法是检测碰到气体喷流时的压力。在如图 5-21 所示的机构中，气源输送具有一定压力 p_1 的气流，喷嘴离物体的距离 x 越小，气流喷出的面积越窄小，压力计测得压力 p 则越大。如果事先求出距离和压力的关系，则可根据压力 p 测定距离 x。

接近觉传感器主要是用来感知传感器与物体之间的接近程度。它与精确的测距系统虽然不同，但又有相似之处。可以说接近觉传感器是一种粗略的距离传感器。接近觉传感器在工业机器人中主要有两个用途：避障和防止冲击。前者可使移动的工业机器人绕开障碍物，后者如机械手可在抓取物体时实现柔性接触。接近觉传感器应用的场合不同，感觉的距离范围也不同，远可达几米至十几米，近可几毫米甚至 1mm 以下。

接近觉传感器根据不同的工作原理有多种类型，最常用的有感应式接近觉传感器、电容式接近觉传感器、超声波接近觉传感器、光接近觉传感器、红外反射式接近觉传感器等几种。图 5-22 所示为电容式接近开关检测原理。其他类型的工作原理请参见相关的文献资料。

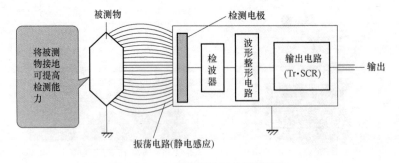

图 5-22   电容式接近开关检测原理

5.4   工业机器人视觉技术

5.4.1   机器视觉概述

每个人都能体会到，眼睛有多么重要。可以说人类从外界获得的信息，大多数都是由眼睛得到的。人类视觉细胞的数量大约在 10^8 数量级，是听觉细胞的 3000 多倍，是皮肤感觉细胞的 100 多倍。从这个角度，也可以看出视觉系统的重要性。至于视觉的应用范围，简直可以说是包罗万象。

智能机器人为了具有人的一部分智能，像前文所述的必须了解周围的环境，获取机器人周围世界的信息。人们为了从外界环境获取信息，一般是通过视觉、触觉、听觉等感觉器官来进行的，也就是说如果想要赋予机器人较为高级的智能，那么离开视觉系统是无法做到的。第一代工业机器人只能按照预先规定的动作往返操作，一旦工作环境变化，机器就不能胜任工作。这是因为第一代机器人没有视觉系统，无法感知周围环境和工作对象的情况。因此，对于智能机器人来说，视觉系统是必不可少的。从 20 世纪 60 年代开始，人们便着手研究机器人的视觉系统，一开始只能识别平面上的类似积木的物体。到了 20 世纪 70 年代，已经可以认识某些加工部件，也能认识室内的桌子、电话等物品了。当时的研究工作虽然进展很快，但无法应用于实际。这是因为视觉系统的信息量极大，处理这些信息的硬件系统十分庞大，花费的时间也很长。

随着大规模集成技术的发展，计算机内存的体积不断缩小，价格急剧下降，速度不断提高，视觉系统也走向了实用化。进入 20 世纪 80 年代后，由于微型计算机的飞速发展，实用的视觉系统已经进入各个领域，其中用于工业机器人的视觉系统数量是很多的。

众所周知，人的视觉通常是识别环境对象的位置坐标，物体之间的相对位置，物体的形状颜色等，由于人们生活在一个三维的空间里，所以工业机器人的视觉也必须能够理解三维空间的信息，即工业机器人的视觉与文字识别或图像识别是有区别的。它们的区别在于工业机器人视觉系统需要处理三维图像，不仅需要了解物体的大小、形状，还要知道物体之间的关系。为了实现这个目标，就要克服很多困难。因为视觉传感器只能得到二维图像，那么从不同角度上来看同一物体，就会得到不同的图像。光源的位置不同，得到的图像的明暗程度与分布情况也不同；实际的物体虽然互不重叠，但是从某一个角度上看，却能得到重叠的图像。为了解决这个问题，人们采取了很多的措施，并在不断地研究新方法。

通常，为了减轻视觉系统的负担，人们总是尽可能地改善外部环境条件，对视角、照明、物体的放置方式做出某种限制。但更重要的还是加强视觉系统本身的功能和使用较好的信息处理方法。

5.4.2 工业机器人视觉系统

工业机器人视觉系统的主要应用有以下三个方面：

1）用视觉系统进行产品检验，代替人的目检。包括：形状检验，即检查和测量零件的几何尺寸、形状和位置；缺陷检验，即检查零件是否损坏、划伤；齐全检验，即检查部件上的零件是否齐全。

2）在工业机器人进行装配、搬运等工作时，用视觉系统对一组需装配的零部件逐个进行识别，并确定它在空间的位置和方向，引导工业机器人的手准确地抓取所需的零件，并放到指定位置，完成分类、搬运和装配任务。

3）为移动工业机器人进行导航。利用视觉系统为移动工业机器人提供它所在环境的外部信息，使工业机器人能自主地规划它的行进路线，回避障碍物，安全到达目的地，并完成指定的工作任务。

工业机器人视觉系统的硬件通常由景物和距离传感器、视频信号数字化设备、视频信号快速处理器、计算机及其外设和工业机器人或机械手及其控制器组成。常用的景物和距离传感器有摄像机、电荷耦合器件图像传感器（Charge Couple Device，CCD）、超声波传感器和结构光设备等。视频信号数字化设备的任务是把摄像机或 CCD 输出的信号转换成方便计算和分析的数字信号。视频信号快速处理器是视频信号实时、快速、并行算法的硬件实现设备，如 DSP 系统。根据系统的需要可以选用不同的计算机及其外设来满足工业机器人视觉信息处理及工业机器人控制的需要。

工业机器人视觉的软件系统由计算机系统软件、工业机器人视觉信息处理算法、工业机器人控制软件组成。当选用不同类型的计算机时，就有不同的操作系统和它所支撑的各种语言、数据库等。工业机器人视觉信息处理算法则包含了图像预处理、分割、描述、识别和解释等算法。

5.4.3 CCD 原理

视觉信息通过视觉传感器转换成电信号。在空间采样和幅值化后，这些信号就形成了一幅数字图像。工业机器人视觉使用的主要部件是电视摄像机，它由摄像管或固态成像传感器及相应的电子线路组成。这里只介绍光导摄像管的工作原理，因为它是普遍使用的并有代表性的一种摄像管。固态成像传感器的关键部分有两种类型，一种是电荷耦合器件（CCD），另一种是电荷注入器件（CID）。与具有摄像管的摄像机相比，固态成像器件具有重量轻、体积小、寿命长、功耗低等优点。不过，某些摄像管的分辨率仍比固态摄像机高。

由图 5-23a 可以看出，光导摄像管外面是一圆柱形玻璃外壳 2，内部有位于一端的电子枪 7 和位于另一端的屏幕 1，加在线圈 6、9 上的电压将电子束聚焦并使其偏转。偏转电路驱使电子束对靶的内表面扫描以便"读取"图像，具体过程如下所述。玻璃屏幕的内表面镀有一层透明的金属薄膜，它构成一个电极，视频电信号可从此电极上获得。光敏层很薄的光敏靶附着在金属膜上，它由一些极小的球状体组成，球状体的电阻反比于光的强度。在光敏靶的后面有一个带正电荷的细金属网，它使电子枪发射出的电子减速，以接近于零的速度到达靶面。在正常工作时，将正电压加在屏幕的金属镀膜上。在无光照时，光敏材料呈现绝缘体特性，电子束在靶的内表面上形成一个电子层以平衡金属膜上的正电荷。当电子束扫描

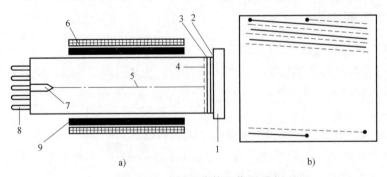

图 5-23 光导摄像管工作原理
a）光导摄像管示意图 b）电子束扫描方式
1—屏幕 2—玻璃外壳 3—光敏层 4—网格 5—电子束
6—光束聚焦线圈 7—电子枪 8—管脚 9—光束偏转线圈

靶内表面时，光敏层就成了一个电容器，其内表面具有负电荷，而另一面具有正电荷。光投射到靶层，它的电阻降低，使得电子向正电荷方向流动并与之中和。由于流动的电子电荷的数量正比于投射到靶的某个局部区域上的光的强度，因此其效果是在靶表面上形成一幅图像，该图像与摄像管屏幕上的图像亮度相同。也就是说，电子电荷的剩余浓度在暗区较高，而在亮区较低。电子束再次扫描靶表面时，失去的电荷得到补充，这样就会在金属层内形成电流，并可从一个管脚上引出此电流。电流正比于扫描时补充的电子数，因此也正比于电子束扫描处的发光强度。经摄像机电子线路放大后，电子束扫描运动时所得到的变化电流便形成了一个正比于输入图像强度的视频信号。图 5-23b 所示为美国使用的基本扫描标准。电子束以每秒 30 次的频率扫描靶的整个表面，每次完整的扫描称为一帧，它包含 525 行，其中的 480 行含有图像信息。若依次对每行扫描并将形成的图像显示在监视器上，图像将是抖动的。为克服这种现象使用另一种扫描方式，即将一帧图像分成两个隔行场，每场包含 262.5 行，并且以二倍帧扫描频率进行扫描，每秒扫描 60 行。每帧的第一场扫描奇数行，如图 5-23a 中虚线所示，第二场扫描偶数行。这种扫描方式称为 RETMA（美国无线电、电子管、电视机制造商协会）扫描方式。在美国的广播电视系统中，这是一种标准方式。还有一种可以获得更高行扫描速率的标准扫描方式，其工作原理与前一种基本相同。例如，在计算机视觉和数字图像处理中常用的一种扫描方式是每帧包含 559 行，其中 512 行含有图像数据。行数取为 2 的整数幂，其优点是软件和硬件容易实现。

讨论 CCD 时，通常将传感器分为两类：行扫描传感器和面阵传感器。CCD 行扫描传感器的基本元件是一行硅成像元素，称为光检测器。光子通过透明的多晶硅门由硅晶体吸收，产生电子-空穴对，产生的光电子集中在光检测器中，汇集在每个光检测器中电荷的数量正比于那个位置的照明度。图 5-24a 所示为一典型的行扫描传感器，它由一行前面所说的成像元素组成。两个传送门按一定的时序将各成像元素的内容送往各自的移位寄存器。输出门用来将移位寄存器的内容按一定的时序关系送往放大器，放大器的输出是与这一行光检测器中内容成正比的电压信号。

CCD 面阵传感器与 CCD 行扫描传感器相似，不同之处在于面阵传感器的光检测器是按矩阵形式排列的，且在两列光检测器之间有一个逻辑门与移位寄存器组合，如图 5-24b 所示。奇数光检测器的数据依次通过门进入垂直移位寄存器，然后再送入水平移位寄存器。水平移位寄存器的内容加到放大器上，放大器的输出即为一行视频信号。对于各偶数行重复上述过程，便可获得一帧电视图像的第二个隔行场。这种扫描方式的重复频率是每秒 30 帧。

显然，行扫描摄像机只能产生一行输入图像。这类器件适合于物体相对于传感器运动的场合，如传送带。物体沿传感器的垂直方向运动便可形成一幅二维图像。分辨率在 256 和 2048 元素之间的行扫描传感器比较常用。面阵传感器的分辨率分成低、中、高三种。

5.4.4　机器视觉几何

机器视觉中摄像机模型是光学成像几何关系的简化，最简单的模型为小孔模型，成像方式为透射投影。对于小孔摄像机，它的图像信息的几何处理过程主要取决于透射投影中心和视网膜平面（即投影平面）。场景中任一点的投影可由通过该点及投影中心（即光心）的直线和投影平面的交点获得。大部分摄像机均可由该模型很好地描述，但在某些情况下，一些其他因素，如光线的畸变等，要考虑其影响。

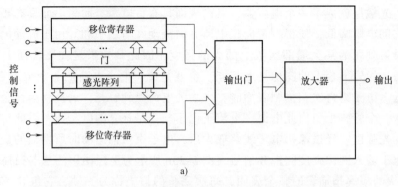

a)

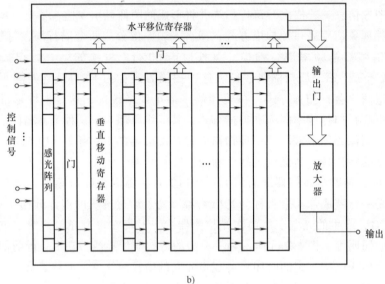

b)

图 5-24 CCD 传感器

a) CCD 行扫描传感器 b) CCD 面阵传感器

图 5-25 所示为小孔摄像机透射投影，摄像机的焦距为 f。光轴经过投影中心（即光心）C，与视平面（即投影平面）R 正交，其交点为基点 c。

首先考虑最简单的情况，以投影中心为世界坐标系的原点，图像平面是 $Z = 1$ 平面，则投影模型为

$$x = \frac{X}{Z},\ y = \frac{Y}{Z} \qquad (5\text{-}18)$$

式（5-18）表明，对于世界坐标系中一点 $M(X,\ Y,\ Z)$，其在投影平面上的投影为图像点 $m(x,\ y)$。若用点的齐次坐标表示，则线性投影表示为

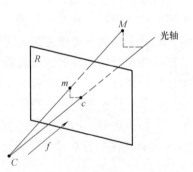

图 5-25 小孔摄像机透射投影

$$\begin{pmatrix} x \\ y \\ 1 \end{pmatrix} = \begin{pmatrix} 1 & 0 & 0 & 0 \\ 0 & 1 & 0 & 0 \\ 0 & 0 & 1 & 0 \end{pmatrix} \begin{pmatrix} X \\ Y \\ Z \\ 1 \end{pmatrix} \qquad (5\text{-}19)$$

对于实际的摄像机，其焦距 f（即投影中心与视平面的距离）不为 1，所以式 (5-19) 还应该考虑一个 f 的比例因子。

另外，图像的坐标与视平面的物理坐标不同。对于 CCD 摄像机，这两者之间的关系主要取决于像素的大小和形状，以及摄像机中 CCD 片的位置。图 5-26 所示为视平面坐标与图像坐标的关系。

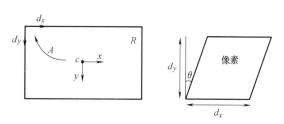

图 5-26 视平面坐标与图像坐标的关系

图 5-26 中，d_x 和 d_y 是像素的宽和高，$c = (u_0 \quad v_0 \quad 1)^T$ 是基点，θ 是像素高的偏角，则图像的齐次坐标 $(u, v, 1)$ 与视平面的齐次坐标 $(x, y, 1)$ 之间的关系为

$$\begin{pmatrix} u \\ v \\ 1 \end{pmatrix} = \begin{pmatrix} \dfrac{f}{d_x} & (\tan\theta)\dfrac{f}{d_y} & u_0 \\ 0 & \dfrac{f}{d_y} & v_0 \\ 0 & 0 & 1 \end{pmatrix} \begin{pmatrix} x \\ y \\ 1 \end{pmatrix} \tag{5-20}$$

将式（5-20）简化为

$$\begin{pmatrix} u \\ v \\ 1 \end{pmatrix} = \begin{pmatrix} \alpha_u & \gamma & u_0 \\ 0 & \alpha_v & v_0 \\ 0 & 0 & 1 \end{pmatrix} \begin{pmatrix} x \\ y \\ 1 \end{pmatrix} \tag{5-21}$$

式中，f 为摄像头焦距；d_x、d_y 为每一个像素在 x 轴与 y 轴方向上的物理尺寸；α_u、α_v 为图像水平和垂直方向上的放大倍数；γ 是由于像素非直角引起的畸变因子。

式（5-21）中的上三角矩阵称为摄像机的内参矩阵，或称摄像机的标定矩阵，记为 A。

实际上，绝大多数摄像机的像素都是直角的，因此畸变因子 γ 接近于 0；而且基点通常都在图像的中心。一般假设上述两条件成立，以便对更复杂的计算过程给出一个合适的初始估计。在某一固定的环境下，将摄像机的内参都应是不变的。

对于移动的工业机器人视觉系统，还要考虑摄像机的运动，将摄像机的运动参数称为摄像机的外参。

空间中某一点 M 的运动模型为

$$M' = \begin{pmatrix} R & t \\ O_{3\times1}^T & 1 \end{pmatrix} M \tag{5-22}$$

式中，R 为旋转矩阵；$t = (t_x \ t_y \ t_z)^T$ 为三维平移向量。实际上，摄像机的运动就可以看成空间中某一点的运动，则旋转矩阵 R 和平移向量 t 又称为摄像机的外参。

考虑到摄像机的运动，则摄像机的模型如图 5-27 所示。

以光心 O_c 为原点，平行于图像行和列的方向分别为 X_c 轴和 Y_c 轴，光轴方向为 Z_c 轴，建立摄像机坐标系，单位为 mm。以摄像机初始位置的坐标系作为世界坐标系（O_w，X_w，Y_w，Z_w）。摄像机坐标系与世界坐标系之间的关系可以用旋转矩阵 R 和平移向量 t 来描述，对于初始状态 R、t 都为 0。另外以摄像机光轴与图像平面的交点 o_0 为原点，图像行和列分别为 x 轴和 y 轴，建立图像坐标系，单位为 mm。由于计算机图像均以像素为单位，所以为

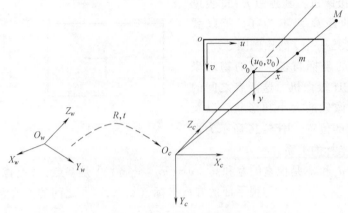

图 5-27 摄像机的模型

处理方便还建立单位为像素的计算机图像坐标系，以图像左上角的 o 为原点，u 轴和 v 轴分别平行于 x 轴和 y 轴。

假定某一空间点 $M(X, Y, Z)$，其在图像平面上的投影为 $m(u, v)$，则它们之间对应的投影矩阵 P 变换为

$$m = PM = A(R \quad t)M \tag{5-23}$$

式中，$(R \quad t)$ 为摄像机外参数矩阵；A 为摄像机内参数矩阵。

将式（5-23）归一化后为

$$s\widetilde{m} = A(R \quad t)\widetilde{M} \tag{5-24}$$

式中，s 为一尺度因子；$\widetilde{m} = (u \quad v \quad 1)^\mathrm{T}$；$\widetilde{M} = (X \quad Y \quad Z \quad 1)^\mathrm{T}$。

除考虑摄像机的运动外，对于立体视觉还需了解两个摄像机图像之间的关系，也就是一个平面到另一个平面的变换，称为单应性。

令 $m(u, v, 1)$ 和 $m'(u', v', 1)$ 分别是平面 Π 上的点 M 在两幅图像上的齐次坐标，如果矩阵 H 使：

$$sm' = Hm \tag{5-25}$$

其中，s 为一未知的非零常数因子，称矩阵 H 为两幅图像之间的单应性矩阵（Homography matrix）。单应性矩阵不是唯一的，它们之间相差一个非零常数因子。

令场景中平面 Π 的方程为 $\overline{n}^\mathrm{T}M = d$，其中 $\overline{n}$ 为平面的单位法向量，d 为坐标原点到平面的距离。假定世界坐标系与第一幅图像的摄像机坐标系重合，两幅图像的摄像机坐标系之间的关系为 $M' = RM + t$，则

$$\lambda m = PM \tag{5-26}$$

$$\lambda'm' = PM' = P(RM + t) = PRM + \frac{1}{d}\overline{n}^\mathrm{T}MPt = \lambda\left(PRP^{-1} + P\frac{t\overline{n}^\mathrm{T}}{d}P^{-1}\right)m \tag{5-27}$$

因此，所有的单应性矩阵 H 均可表示为

$$H = \sigma\left(PRP^{-1} + P\frac{t\overline{n}^\mathrm{T}}{d}P^{-1}\right) \tag{5-28}$$

其中，σ 为一非零常数因子。当摄像机为纯平移运动时，即 $R = I$，式（5-28）可写为

$$H = \sigma\left(I + P\frac{t\,\overline{n}^{\mathrm{T}}}{d}P^{-1}\right) \qquad (5\text{-}29)$$

对于同一场景，通过不同视点得到的图像之间是有关联的，将研究多视图之间的关系称为多视图几何。多视图几何是研究立体视觉或多视点视觉的基础。

5.4.5 视觉信号处理

图像信号一般是二维信号，一幅图像通常由 512×512 个像素组成（当然有时也有 256×256 或者 1024×1024 个像素），每个像素有 256 级灰度，或者是 3×8bit，红黄蓝 16M 种颜色，一幅图像就有 256KB 或者 768KB（对于彩色）个数据。为了完成视觉信号处理的传感、预处理、分割、描述、识别和解释，主要完成的数学运算可以归纳为：

（1）点处理　常用于对比度增强、小密度非线性校正、阈值处理、伪彩色处理等。每个像素的输入数据经过一定的变换关系映射成像素的输出数据，如对数变换可实现暗区对比度扩张。

（2）二维卷积的运算　常用于图像平滑、尖锐化、轮廓增强、空间滤波、标准模板匹配计算等。若用 $M\times M$ 卷积核矩阵对整幅图像进行卷积时，要得到每个像素的输出结果就需要做 M^2 次乘法和 (M^2-1) 次加法，由于图像像素一般很多，即使用较小的卷积和，也需要进行大量的乘加运算和访问存储器。

（3）二维正交变换　常用的二维正交变换有 FFT、Walsh、Haar 和 K-L 变换等，常用于图像增强、复原、二维滤波、数据压缩等。

（4）坐标变换　常用于图像的放大、缩小、旋转、移动、配准、几何校正和由投影值重建图像等。

（5）统计量计算　如计算密度直方图分布、平均值和协方差矩阵等。在进行直方图均衡化、面积计算、分类和 K-L 变换时，常常要进行这些统计量计算。

在视觉信号处理时，需要进行上述运算，计算机需要大量的运算次数和大量的存储器访问次数。如果采用一般的计算机进行视频数字信号处理，就有很大的限制。所以在通用的计算机上处理视觉信号有两个局限性：一是运算速度慢，二是内存容量小，为了解决这两个问题，可以采用以下方案：

1）利用大型高速计算机组成通用的视频信号处理系统。为了解决小型计算机运算速度慢、存储量小的缺点，人们自然会使用大型高速计算机，但缺点是成本太高。

2）小型高速阵列机。采用大型计算机的主要问题是设备成本太高，为了降低视频信号处理系统的造价，提高设备的利用率，有的厂家在设计视频信号处理系统时，选用造价低廉的中小型计算机为主机，再配备一台高速阵列机。

3）采用专用的视觉信号处理器。为了适应微型计算机视频数字信号处理的需要，不少厂家设计了专用的视觉信号处理器，它的结构简单、成本低、性能指标高。多数采用多处理器并行处理，流水线式体系结构以及基于 DSP 的方案。

习　题

1. 简述工业机器人传感器的作用。

2. 常用的工业机器人内部传感器和外部传感器有哪几种？

3. 测量工业机器人的加速度常用哪些传感器？

4. 光电编码器有哪几种？它们各有什么特点？除了检测位置（角位移）外，光电编码器还有什么用途？试举例说明。

5. 试谈触觉传感器的作用、存在问题及研究方向。

6. 举出三种常用的触觉传感器的例子，简要说明其工作原理。

7. 超声波距离传感器的检测方式有几种？请分别简述其测量原理。

8. 机器视觉中的内参和外参分别是什么？它们有什么含义及作用？

9. 多传感器信息融合技术主要用在工业机器人的哪些方面？

10. 简述电位计的工作原理。

11. 工业机器人的力觉传感器可以分为哪几类？

12. 简述闭环光纤陀螺仪的工作原理。

第 **6** 章

hapter

工业机器人控制系统

6.1 概述

工业机器人控制系统是指由控制主体、控制客体和控制媒体组成的具有自身目标和功能的管理与控制系统，是决定工业机器人功能和性能的主要因素，是工业机器人的核心部分。本章首先从总体上概要介绍工业机器人控制系统的基本特点、要求、功能、硬件结构、控制算法和控制方式，然后介绍工业机器人的关节运动控制和分解运动控制。

6.1.1 基本特点、要求、功能

1. 工业机器人控制系统的基本特点

控制系统，意味着通过它可以按照所希望的方式保持和改变机器、机构或其他设备内任何感兴趣或可变化的量。控制系统同时是为了使被控制对象达到预定的理想状态或趋于某种需要的稳定状态而实施的。工业机器人的控制技术是在传统机械系统控制技术的基础上发展起来的，两者之间并无根本的不同。但工业机器人控制系统也有许多特殊之处。其基本特点如下：

1）工业机器人控制系统本质上是一个非线性系统。引起工业机器人非线性的因素很多，工业机器人的结构、传动件、驱动元件等都会引起系统的非线性。

2）工业机器人控制系统是由多关节组成的一个多变量控制系统，且各关节间具有耦合作用。具体表现为某一个关节的运动，会对其他关节产生动力效应，每一个关节都要受到其他关节运动所产生的扰动。因此，工业机器人的控制中经常使用前馈、补偿、解耦和自适应等复杂控制技术。

3）工业机器人控制系统是一个时变系统，其动力学参数随着关节运动位置的变化而变化。

4）较高级的工业机器人要求对环境条件、控制指令进行测定和分析，采用计算机建立庞大的信息库，用人工智能的方法进行控制、决策、管理和操作，按照给定的要求，自动选

择最佳控制规律。

2. 工业机器人控制系统的基本要求

从使用的角度讲，工业机器人是一种特殊的自动化设备，对其控制有以下基本要求：

1）多轴运动的协调控制，以产生要求的工作轨迹。因为工业机器人手部的运动是所有关节运动的合成运动，要使手部按照规定的规律运动，就必须很好地控制各关节协调动作，包括运动轨迹、动作时序的协调。

2）较高的位置精度，很大的调速范围。除直角坐标式工业机器人外，工业机器人关节上的位置检测元件通常安装在各自的驱动轴上，构成位置半闭环系统。此外，由于存在开式链传动机构的间隙等，使得工业机器人总的位置精度降低，与数控机床比，约降低一个数量级。但工业机器人的调速范围很大，通常超过几千。这是由于工作时，工业机器人可能以极低的作业速度加工工件；而在空行程时，为提高效率，又能以极高的速度移动。

3）系统的静差率要小，即要求系统具有较好的刚性。这是因为工业机器人工作时要求运动平稳，不受外力干扰，若静差率大将形成工业机器人的位置误差。

4）位置无超调，动态响应快。避免与工件发生碰撞，在保证系统适当响应能力的前提下增加系统的阻尼。

5）需采用加减速控制。大多数工业机器人具有开链式结构，其机械刚度很低，过大的加减速度会影响其运动平稳性，运动起停时应有加减速装置。通常采用匀加减速指令来实现。

6）各关节的速度误差系数应尽量一致。工业机器人手臂在空间移动，是各关节联合运动的结果，尤其是当要求沿空间直线或圆弧运动时。即使系统有跟踪误差，仍应要求各轴关节伺服系统的速度放大系数尽可能一致，而且在不影响稳定性的前提下，尽量取较大的数值。

7）从操作的角度看，要求控制系统具有良好的人机界面，尽量降低对操作者的要求。因此，在大部分的情况下，要求控制器的设计人员完成底层伺服控制器设计的同时，还要完成规划算法，而把任务的描述设计成简单的语言格式由用户完成。

8）从系统的成本角度看，要求尽可能地降低系统的硬件成本，更多地采用软件伺服的方法来完善控制系统的性能。

3. 工业机器人控制系统的基本功能

工业机器人控制系统是工业机器人的重要组成部分，用于对操作机的控制，以完成特定的工作任务，其基本功能如下：

（1）记忆功能 存储作业顺序、运动路径、运动方式、运动速度和与生产工艺有关的信息。

（2）示教功能 离线编程、在线示教、间接示教。在线示教包括示教盒和导引示教两种。

（3）与外围设备联系功能 输入和输出接口、通信接口、网络接口、同步接口。坐标设置功能：有关节、绝对、工具、用户自定义四种坐标系。

（4）人机接口 示教盒、操作面板、显示屏。

（5）传感器接口 位置检测、视觉、触觉、力觉等。

（6）位置伺服功能 工业机器人多轴联动、运动控制、速度和加速度控制、动态补偿等。

（7）故障诊断安全保护功能 运行时系统状态监视、故障状态下的安全保护和故障自诊断，如手爪变位器等。

（8）通信接口 实现工业机器人和其他设备的信息交换，一般有串行接口、并行接口等。

(9) 网络接口

1) Ethernet 接口。可通过以太网实现数台或单台工业机器人的直接 PC 通信，数据传输速率高达 10Mbit/s，可直接在 PC 上用 Windows 库函数进行应用程序编程之后，支持 TCP/IP 通信协议，通过 Ethernet 接口将数据及程序装入各个工业机器人控制器中。

2) Fieldbus 接口。支持多种流行的现场总线规格，如 Device net、AB Remote I/O、Interbus-s、profibus-DP、M-NET 等。

工业机器人系统组成框图如图 6-1 所示。

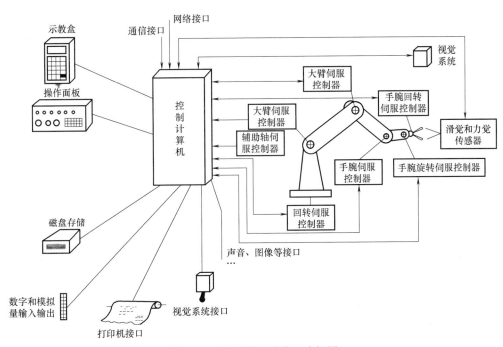

图 6-1　工业机器人系统组成框图

6.1.2　硬件结构

1. 基本控制结构

当年，维纳 (N. Wiener) 对神经科学很感兴趣，他发现其实机器的反馈控制和人的运动控制机理是相似的。控制工程中的传感器 (各种位置、速度、力传感器等)、控制器 (各种处理器以及控制算法) 和驱动器 (电动机、液压、气动、记忆合金等) 三部分，分别对应于人的感受器 (如视觉、听觉、味觉、嗅觉、触觉等外感受器)、神经系统 (中枢和周围神经系统) 和效应器 (如肌肉、骨骼)，只不过人的结构更加复杂。

2. 层次控制体系

了解了控制的基本结构，剩下的事情就是设计控制系统。如今，人们设计控制系统的方法还是比较统一的，基本都可以归结为五层的层次体系：主机 (Host)、运动控制器 (Motion Controller)、伺服驱动器 (Servo Driver)、电动机 (Motor)、机械本体 (Mechanism)。

(1) 主机　主要完成人机交互 (操作员控制或者调试机器) 和高级运算 (工业机器人运动规划等)。由于需要高等运算功能，这部分算法通常是基于操作系统的，硬件载体用通用计算机即可。

（2）运动控制器　主要用于改善工业机器人动力学（Robot Dynamics）。工业机器人的机械本身并不具备跟踪轨迹的能力，需要外加控制来改善。由于需要大量的实时运算，这部分通常是基于实时操作系统，如 QNX 等，硬件载体可以用 ARM 或其他。工业界的工业机器人主要使用运动反馈（Motion Feedback），也即将驱动器配置为位置控制或者速度控制模式，此时运动控制器主要用于补偿传动系统的非线性，如由于齿轮间隙、微小弹性变形导致的末端偏移。

（3）伺服驱动器　主要用于改善电动机动力学（Motor Dynamics）。由于电动机本身的物理特性并不具备良好的位置、速度和力矩跟踪能力，因此需要依靠控制来改善。这部分需要更高的实时性能，因为电动机的响应速度快，需要微秒级定时，所以可以使用高性能的 DSP。例如，直流有刷电动机中转子速度正比于反向电动势，力矩正比于电枢电流，而没有物理量能够直接控制位置，此时需要外加位置控制器。

（4）电动机　充当执行器，将电信号转化为机械运动。

（5）机械本体　被控制的终极对象。

6.1.3　控制算法

工业机器人的算法分为感知算法和控制算法，更进一步细分为环境感知算法、路径规划和行为决策算法（AI）、运动控制算法，后两个也可以统称为控制算法。

环境感知算法获取环境各种数据（工业机器人视觉和图像识别），定位机器人的方位（SLAM）。对于固定工位的工业机器人来说，环境感知算法往往不是必需的；但是，对于另一类机器人来说，如扫地机器人，基本就是一个 SLAM 算法，行为决策算法和运动控制算法极其简单，可以忽略。

工业机器人自身的运动控制算法是工业机器人制造厂家的研发重点，主要就是提高工业机器人行动的精度、稳定性和速度，其一半靠 PID 伺服电动机，一半靠控制算法，同样性能的 PID 伺服电动机，如果有好的控制算法，其精度可以提高 10 倍以上。

总体来说，环境感知算法和运动控制算法是比较成熟的，也是整个工业机器人研究领域投入人力最多的，不断对现有的算法进行改进优化，一是因为研究已经获得突破，跟进的团队就多；二是因为 90% 的工业机器人应用领域，只需要用到这两种算法甚至只用到其中一种，行为决策算法非常简单，就是重复一个或几个简单动作。

行为决策算法或行为控制策略则是工业机器人应用领域未突破的研发重点（不同的应用领域算法也不同，当然，也可以完全由人来手动控制，人们常说的人工智能，狭义点就是指这个模块），这里不是指那些简单的行为算法，如重复动作、机器人按固定动作跳舞、无障碍或固定障碍路线行走等，这些主要是通过硬编码实现，不涉及 AI。复杂的行为决策算法主要有 FSM、层次分析法、决策树、模糊逻辑、遗传算法 GA、人工神经网络 ANN，以及针对具体问题的特定算法，如路径规划等（ROS 里面提供了一个 Move-base 模块，实现了很多路径规划算法），一般都用 C/C++ 混合 Python 来编程。

行为决策算法中，有解决得不错的，如导航路径规划算法，也有难度极大的，如避障算法，几乎所有的无人驾驶和自动驾驶研发团队都在苦苦思索避障算法。其实，避障算法的应用是极其广泛的，很多领域如无人机也要用到，避障算法是整个无人驾驶和自动驾驶行业的拦路虎，因为它决定了最后的 1% 的安全性，而现有的 VFH 避障算法和 DWA 避障算法只能算非常原始的起步，完全不能满足实际需要。

6.1.4　控制方式

工业机器人控制系统按其控制方式可分为三类。

（1）集中控制方式　用一台计算机实现全部控制功能，结构简单，成本低，但实时性差，难以扩展，其控制框图如图 6-2 所示。

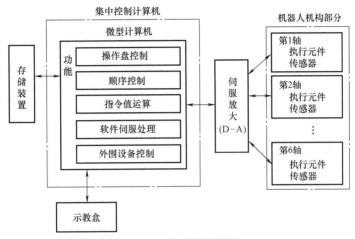

图 6-2　集中控制框图

（2）主从控制方式　采用主、从两级处理器实现系统的全部控制功能。主 CPU 实现管理、坐标变换、轨迹生成和系统自诊断等；从 CPU 实现所有关节的动作控制。其控制框图如图 6-3 所示。主从控制方式系统实时性较好，适于高精度、高速度控制，但其系统扩展性较差，维修困难。

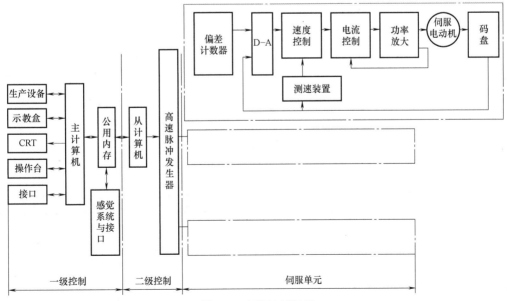

图 6-3　主从控制框图

工业机器人技术

（3）分散控制方式 按系统的性质和方式将系统控制分成几个模块，每一个模块各有不同的控制任务和控制策略，各模块之间可以是主从关系，也可以是平等关系。这种控制方式实时性好，易于实现高速度、高精度控制，易于扩展，可实现智能控制，是目前流行的控制方式，其控制框图如图 6-4 所示。

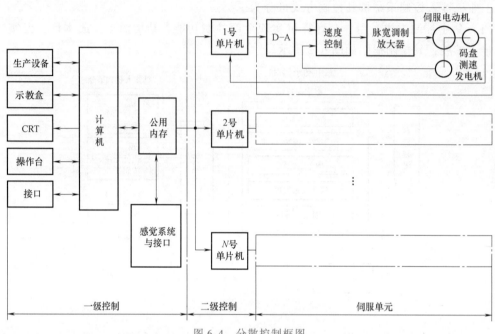

图 6-4　分散控制框图

6.2　关节运动控制

6.2.1　关节伺服控制

目前，工业上使用的机器人，其关节控制使用交流伺服系统和交流伺服电动机，各关节的伺服控制框图如图 6-5 所示。将计算机控制系统发出的指令脉冲与电动机同轴的编码器反馈脉冲之差储存在偏差计数器中，因而偏差计数器保留着残余量，经 PID 调节（比例、微分、积分）经 D-A 变换成为速度给定。这个给定速度与电动机反馈速度之差作为控制量经 PID 调节，成为电流给定，经逆变器功率放大驱动电动机回转。

由各关节的伺服控制框图可以得到：

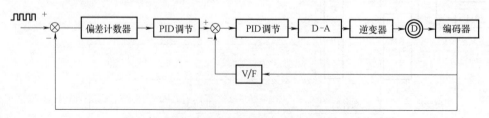

图 6-5　各关节的伺服控制框图

1）关节伺服控制由位置环、速度环、电流环三环嵌套。

2）在位置环和速度环内有 PID 调节。

3）逆变器采用脉冲宽度调制。

6.2.2　计算力矩方法

根据拉格朗日方程，经推导，机器人的动力学方程为

$$F_i = \sum_{j=1}^{6} D_{ij}\ddot{q}_j + I_{ai}\ddot{q}_i + \sum_{j=1}^{6}\sum_{k=1}^{6} D_{ijk}\dot{q}_j\dot{q}_k + D_i \qquad (6\text{-}1)$$

式中，F_i 为广义力，当为回转关节时，F_i 为驱动力矩，当为移动关节时，F_i 为关节驱动力；q_i 为关节变量，回转关节为回转角，移动关节为移动距离；D_{ij} 为在关节 i 和关节 j 之间的耦合惯量；I_{ai} 为关节 i 处驱动器的惯量；D_{ijk} 项表示在关节 i 处由于关节 j 和 k 的速度引起的哥氏力；D_{ijj} 项表示在关节 i 处由于关节 j 的速度引起的向心力；D_i 为作用在关节 i 上的重力。

1. 单杆操作手的控制

将有效惯量 J_{ii} 写为

$$J_{ii} = D_{ii} + J_{ai} \qquad (6\text{-}2)$$

式中，D_{ii} 为关节 i 处的有效惯量；J_{ai} 为关节 i 处驱动器的惯量。

驱动装置具有传动装置增益 k_m 和黏性阻尼系数 F。控制系统框图如图 6-6 所示。

库仑摩擦总是趋于阻止运动，且与速度无关，这里忽略库仑摩擦。

由图 6-6 可得

$$k_m\dot{\theta}_d - F\dot{\theta} = J\ddot{\theta} \qquad (6\text{-}3)$$

其中输入的为预期关节速度 $\dot{\theta}_d$（其拉普拉斯变换为 $s\theta_d$），k_m 为增益，F 为阻尼系数，$s\theta_d k_m$ 为给出驱动力矩，$Fs\theta$ 为黏性阻尼力。

$s\theta_d k_m - Fs\theta$ 为实际作用于关节的驱动力矩。$\dfrac{s\theta_d k_m - Fs\theta}{J}$ 产生关节角加速度，积分后 $\dfrac{s\theta_d k_m - Fs\theta}{J}\dfrac{1}{s}$ 为输出速度。

驱动装置和杆件的传递函数为

$$\frac{s\theta(s)}{s\theta_d(s)} = \frac{k_m}{SJ + F} \qquad (6\text{-}4)$$

可以借助速度反馈来增加驱动装置的自然阻尼，加入速度反馈后的系统框图如图 6-7 所示，其简化框图如图 6-8 所示。

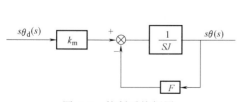

图 6-6　控制系统框图

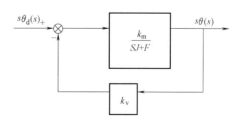

图 6-7　加入速度反馈后的系统框图

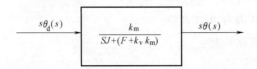

图 6-8　加入速度反馈后的系统简化框图

如果该系统再加上位置反馈，则其框图如图 6-9 所示，其简化框图如图 6-10 所示。

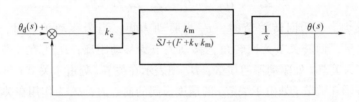

图 6-9　该系统再加上位置反馈后的框图

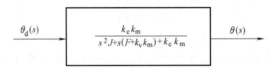

图 6-10　该系统再加上位置反馈后的简化框图

一般二阶系统的传递函数为 $\dfrac{1}{s^2+2\xi\omega s+\omega^2}$，其中 ω 为系统的特征频率；ξ 为阻尼系数，$\xi<1$ 为欠阻尼，$\xi=1$ 为临界阻尼，$\xi>1$ 为过阻尼。

对应于原机器人系统：

$$\omega=\sqrt{\frac{k_e k_m}{J}},\xi=\frac{F+k_J k_m}{2\sqrt{Jk_e k_m}}$$

对于临界阻尼 $\xi=1$，$F+k_v k_m=2\sqrt{Jk_e k_m}$，具有结构因素的杆件结构共振频率为 $\omega_{\text{structure}}$，为了防止激振和保证系统杆件的稳定性，应限定 $\omega<\omega_{\text{structure}}$。

设如果在某惯量值 J_0 下，测得结构共振频率为 ω_0，则当惯量值为 J 时，结构共振频率为

$$\omega_{\text{structure}}=\omega_0\sqrt{\frac{J_0}{J}} \tag{6-5}$$

最终得到

$$\sqrt{\frac{k_e k_m}{J}}<0.5\omega_0\sqrt{\frac{J_0}{J}} \quad k_e k_m<\pi^2 f_0^2 J_0$$

则位置反馈增益为

$$k_e<\frac{\pi^2 f_0^2 J_0}{k_m}$$

为得到临界阻尼，速度反馈增益需经选择，一般情况为 $F+k_v k_m=2\sqrt{Jk_e k_m}$，与惯量 J_0 相应的阻尼 k_{v0} 为 $F+k_{v0}+k_m=2\sqrt{Jk_e k_m}$。

综合以上可知，提供任何惯量 J 的增益 k_v 为

$$k_v=\left[(k_{v0}k_m+F)\sqrt{\frac{J}{J_0}}-F\right]\frac{1}{k_m}=(G\sqrt{J}-F)\frac{1}{k_m} \tag{6-6}$$

其中 $G=\dfrac{k_{v0}k_m+F}{\sqrt{J_0}}$。

如果不知道关节惯量 J，k_v 必须由可能的最大惯量值来确定，而在实际惯量的最小值情况下，得到阻尼响应。

2. 稳态伺服误差

上面给出了位置反馈增益 k_e 的上限 $k_e<\dfrac{\pi^2 f_0^2 J_0}{k_m}$，下面确定 k_e 的下限。首先得到稳态误差，这些误差对应于干扰力矩，而干扰力矩是由负载力矩、外力矩、库仑摩擦力矩和重力负载力矩组成的。有干扰力矩的系统框图如图 6-11 所示。

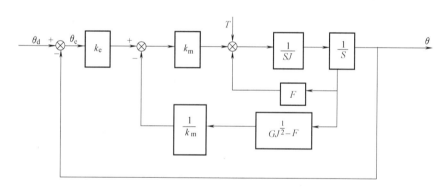

图 6-11　有干扰力矩的系统框图

系统的误差为

$$E(S)=\frac{-S[SJ+(F+k_v k_m)]\theta_d(s)}{S^2 J+(F+k_v k_m)S+k_e k_m}+\frac{T}{S^2 J+(F+k_v k_m)S+k_e k_m} \tag{6-7}$$

由系统的稳态误差 θ_e 和对应于阶跃输入力矩 T/S 的误差可得

$$\theta_e=\lim_{s\to 0}sE(s)$$

$$\theta_e=\frac{T}{k_e k_m}$$

则

$$k_e k_m=\frac{T}{\theta_e}$$

式中，$\dfrac{T}{\theta_e}$ 为伺服刚性。

当关节开始运动时，必须克服静库仑摩擦力，这个静库伦摩擦力矩用 T_{static} 来表示，一旦关节运动以后库仑摩擦力矩为动摩擦力矩 $T_{dynamic}$。

为了克服库仑摩擦，可以施加前馈力矩（当关节运动时）：

$$T_{ff}(s) = \begin{cases} \dfrac{T_{dynamic}}{s} & \dot{\theta} > 0 \text{ 时} \\[2mm] -\dfrac{T_{dynamic}}{s} & \dot{\theta} < 0 \text{ 时} \end{cases}$$

当关节静止时，施加一个冲量：

$$T_{ff}(s) = \begin{cases} T_{static} & \theta_e > 0 \text{ 时} \\ -T_{static} & \theta_e < 0 \text{ 时} \end{cases}$$

再考虑重力负载的补偿。可以给关节上附加一个前馈力矩，其大小与计算的重力负载力矩相等。加上前馈力矩后的框图如图 6-12 所示。

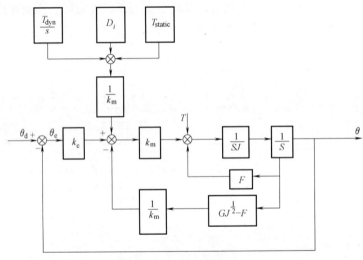

图 6-12　加上前馈力矩后的框图

3. 稳态速度误差

如果操作手在运动坐标系以一个恒定的速度到达工位点，则伺服系统会产生稳态速度误差。将恒定速度的拉普拉斯变换 $\dfrac{v_0}{s^2}$ 代入 $\theta_d(s)$，并取极限，稳态速度误差为

$$\theta_e = \frac{k_v k_m + F}{k_e k_m} v_0 \tag{6-8}$$

再代入临界阻尼条件　$F + k_v k_m = 2\sqrt{J k_e k_m}$

得到　$\theta_e = \dfrac{2}{\pi f_0} v_0$

为了减小跟随误差，进一步增加基于预期速度的前馈，伺服系统的框图增加了两项，如图 6-13 所示。一项用于克服 F 的影响，一项用于克服阻尼项 k_v 的影响。

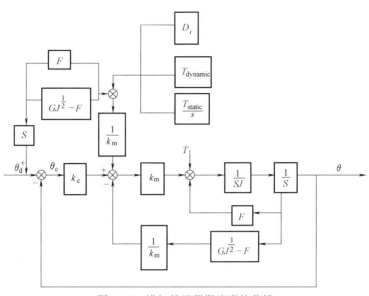

图 6-13　增加基于预期速度的前馈

4. 加速度误差

假设一个简单的运动（图 6-14），前一半运动的加速度为 a，后一半运动的加速度为 $-a$，运动周期为 T，产生的最大速度为 $v=\dfrac{aT}{2}$，位置的变化为 $\dfrac{aT^2}{4}$，t 时刻的位置变化为 $\Delta\theta$，可得到 $v=\dfrac{2\Delta\theta}{t}$，$a=\dfrac{4\Delta\theta}{t^2}$。假设使用速度前馈来消除与速度有关的误差，由恒定加速度 a 所引起的稳态误差就相当于 $\theta_d(s)=\dfrac{a}{s^3}$ 的输入。利用这一输入，通过最终值定理得到 $\theta_e=-\dfrac{J}{k_e k_m}a=\dfrac{a}{\pi^2 f_0^2}$，这些误差并不大。但在运动的开始和结束则比较重要，通过加上前馈项 $JS^2\theta_d$ 来补偿。

图 6-15 所示伺服系统的传递函数为

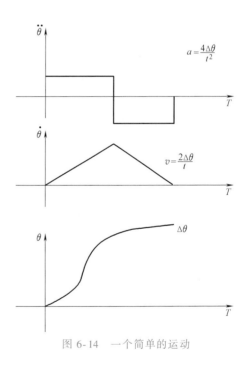

图 6-14　一个简单的运动

$$E(S)=\frac{T}{S^2 J+(F+k_v k_m)S+k_e k_m} \tag{6-9}$$

与未加补偿的稳态误差相比少了前一项。

5. 多杆操作系统

以上只考虑了单杆情况的运动，对于多杆机构存在着惯量耦合、向心力和哥氏力三种因素的影响，加上前馈项就可以补偿它们的影响，如图 6-16 所示。

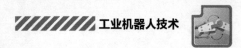
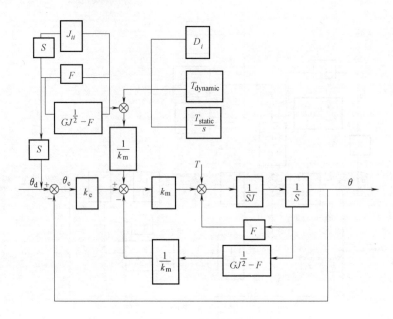

图 6-15　伺服系统

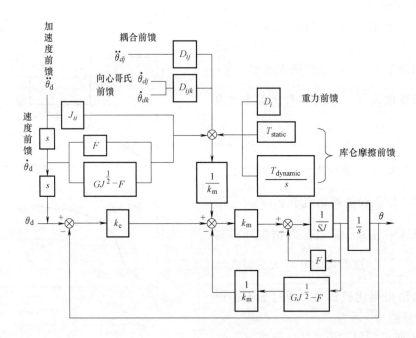

图 6-16　多杆机构

6.3　分解运动控制

通常希望操作手在笛卡儿空间中做直线（或其他路径轨迹）运动。分解运动控制，就是把笛卡儿坐标系中的运动分解为各关节的运动合成为手爪在直角坐标系空间的任意轨迹运动。

6.3.1　关节坐标与直角坐标间的运动关系

末端执行器在直角坐标系的位姿用齐次变换矩阵来
表示：

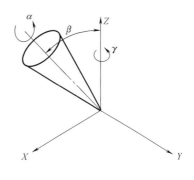

$$T_6 = \begin{pmatrix} n_x & o_x & a_x & p_x \\ n_y & o_y & a_y & p_y \\ n_z & o_z & a_z & p_z \\ 0 & 0 & 0 & 1 \end{pmatrix} = \begin{pmatrix} \boldsymbol{n} & \boldsymbol{o} & \boldsymbol{a} & \boldsymbol{P} \\ 0 & 0 & 0 & 1 \end{pmatrix} \quad (6\text{-}10)$$

手爪的姿态可以用欧拉角（图 6-17）来表示：

图 6-17　欧拉角坐标系

$$
\begin{aligned}
\boldsymbol{R} &= \begin{vmatrix} n_x & o_x & a_x \\ n_y & o_y & a_y \\ n_z & o_z & a_z \end{vmatrix} \\[2mm]
&= \begin{pmatrix} \cos\alpha & -\sin\alpha & 0 \\ \sin\alpha & \cos\alpha & 0 \\ 0 & 0 & 1 \end{pmatrix} \begin{pmatrix} \cos\beta & 0 & \sin\beta \\ 0 & 1 & 0 \\ -\sin\beta & 0 & \cos\beta \end{pmatrix} \begin{pmatrix} \cos\alpha & -\sin\alpha & 0 \\ \sin\alpha & \cos\alpha & 0 \\ 0 & 0 & 1 \end{pmatrix} \\[2mm]
&= \begin{pmatrix} \cos\gamma\cos\beta & -\sin\gamma\cos\alpha+\cos\gamma\sin\beta\sin\alpha & \sin\gamma\sin\alpha+\cos\gamma\sin\beta\cos\alpha \\ \sin\gamma\cos\beta & \cos\gamma\cos\alpha+\sin\gamma\sin\beta\sin\alpha & -\cos\gamma\sin\alpha+\sin\gamma\sin\beta\cos\alpha \\ -\sin\beta & \cos\beta\sin\alpha & \cos\beta\cos\alpha \end{pmatrix}
\end{aligned} \quad (6\text{-}10)
$$

式中，α、β、γ 分别为进动、章动、自转三个欧拉角。

令 $\boldsymbol{P}(t)$、$\boldsymbol{\Phi}(t)$、$\boldsymbol{V}(t)$、$\boldsymbol{\omega}(t)$ 分别表示手爪关于参考系的位置矢量、欧拉角、线速度矢量和角速度矢量。

$$\boldsymbol{P}(t) = \begin{pmatrix} p_x(t) & p_y(t) & p_z(t) \end{pmatrix}^{\mathrm{T}}$$

$$\boldsymbol{\Phi}(t) = \begin{pmatrix} \alpha(t) & \beta(t) & \gamma(t) \end{pmatrix}^{\mathrm{T}}$$

$$\boldsymbol{V}(t) = \begin{pmatrix} v_x(t) & v_y(t) & v_z(t) \end{pmatrix}^{\mathrm{T}}$$

$$\boldsymbol{\omega}(t) = \begin{pmatrix} \omega_x(t) & \omega_y(t) & \omega_z(t) \end{pmatrix}^{\mathrm{T}}$$

其中 $\boldsymbol{V}(t) = \dfrac{\mathrm{d}\boldsymbol{P}(t)}{\mathrm{d}t} = \dot{\boldsymbol{P}}(t)$。

根据旋转矩阵的正交性，有

$$\boldsymbol{R}^{-1} = \boldsymbol{R}^{\mathrm{T}} \Rightarrow \boldsymbol{R} \cdot \boldsymbol{R}^{\mathrm{T}} = \boldsymbol{I} \Rightarrow \frac{\mathrm{d}\boldsymbol{R}}{\mathrm{d}t}\boldsymbol{R}^{\mathrm{T}} + \boldsymbol{R}\frac{\mathrm{d}\boldsymbol{R}^{\mathrm{T}}}{\mathrm{d}t} = 0 \Rightarrow$$

$$\boldsymbol{R} = \frac{\mathrm{d}\boldsymbol{R}^{\mathrm{T}}}{\mathrm{d}t} = -\frac{\mathrm{d}\boldsymbol{R}}{\mathrm{d}t}\boldsymbol{R}^{\mathrm{T}} = -\begin{pmatrix} 0 & -\omega_z & \omega_y \\ \omega_z & 0 & -\omega_x \\ -\omega_y & \omega_x & 0 \end{pmatrix} \quad (6\text{-}11)$$

由上式可以得出 $\begin{pmatrix} \omega_x(t) & \omega_y(t) & \omega_z(t) \end{pmatrix}^{\mathrm{T}}$ 与 $\begin{pmatrix} \dot{\alpha}(t) & \dot{\beta}(t) & \dot{\gamma}(t) \end{pmatrix}^{\mathrm{T}}$ 之间的关系为

$$
\begin{pmatrix} \omega_x(t) \\ \omega_y(t) \\ \omega_z(t) \end{pmatrix} = \begin{pmatrix} c\gamma c\beta & -s\gamma & 0 \\ s\gamma c\beta & c\gamma & 0 \\ -s\beta & 0 & 1 \end{pmatrix} \begin{pmatrix} \dot{\alpha}(t) \\ \dot{\beta}(t) \\ \dot{\gamma}(t) \end{pmatrix} \tag{6-12}
$$

或

$$
\begin{pmatrix} \dot{\alpha}(t) \\ \dot{\beta}(t) \\ \dot{\gamma}(t) \end{pmatrix} = \begin{pmatrix} c\gamma & s\gamma & 0 \\ -s\gamma c\beta & c\gamma c\beta & 0 \\ c\gamma s\beta & s\gamma s\beta & c\beta \end{pmatrix} \begin{pmatrix} \omega_x(t) \\ \omega_y(t) \\ \omega_z(t) \end{pmatrix} \tag{6-13}
$$

写成矩阵形式为

$$
\dot{\boldsymbol{\Phi}}(t) = \boldsymbol{E}(\phi)\boldsymbol{\omega}(t) \tag{6-14}
$$

利用手爪与关节之间的运动关系，已知关节速度可以求出手爪的速度和角速度：

$$
\begin{pmatrix} \boldsymbol{V}(t) \\ \boldsymbol{\omega}(t) \end{pmatrix} = \boldsymbol{J}(q)\dot{\boldsymbol{q}}(t) = (\boldsymbol{J}_1(q) \quad \boldsymbol{J}_2(q) \quad \cdots \quad \boldsymbol{J}_6(q))\dot{\boldsymbol{q}}(t) \tag{6-15}
$$

式中，$\dot{\boldsymbol{q}}(t) = (\dot{q}_1 \quad \cdots \quad \dot{q}_6)^{\mathrm{T}}$ 为关节速度矢量；$\boldsymbol{J}(q)$ 为 6×6 的雅可比矩阵，其第 i 列矢量 $\boldsymbol{J}_i(q)$ 由下式给出：

$$
\boldsymbol{J}_i(q) = \begin{cases} \begin{pmatrix} \boldsymbol{Z}_i \times (\boldsymbol{P} - \boldsymbol{P}_i) \\ \boldsymbol{Z}_i \end{pmatrix} & (i\ \text{为转动关节}) \\[4mm] \begin{pmatrix} \boldsymbol{Z}_i \\ 0 \end{pmatrix} & (i\ \text{为移动关节}) \end{cases} \tag{6-16}
$$

式中，$\boldsymbol{P}_i$ 为连杆 i 坐标系的原点相对于参考系的位置矢量；$\boldsymbol{Z}_i$ 为坐标系 i 的 Z 轴单位向量；$\boldsymbol{P}$ 为手爪相对参考系的位置矢量。

可以求出操作手的关节速度为

$$
\dot{\boldsymbol{q}}(t) = \boldsymbol{J}^{-1}(q) \begin{pmatrix} \boldsymbol{V}(t) \\ \boldsymbol{\omega}(t) \end{pmatrix} \tag{6-17}
$$

对上式求导（对时间求导）得到手爪加速度：

$$
\begin{pmatrix} \dot{\boldsymbol{V}}(t) \\ \dot{\boldsymbol{\omega}}(t) \end{pmatrix} = \dot{\boldsymbol{J}}(q)\dot{\boldsymbol{q}}(t) + \boldsymbol{J}(q)\ddot{\boldsymbol{q}}(t) = \dot{\boldsymbol{J}}(q)\boldsymbol{J}^{-1}(q) \begin{pmatrix} \boldsymbol{V}(t) \\ \boldsymbol{\omega}(t) \end{pmatrix} + \boldsymbol{J}(q)\ddot{\boldsymbol{q}}(t) \tag{6-18}
$$

可以求出操作手的关节加速度为

$$
\ddot{\boldsymbol{q}}(t) = \boldsymbol{J}^{-1}(q) \begin{pmatrix} \dot{\boldsymbol{V}}(t) \\ \dot{\boldsymbol{\omega}}(t) \end{pmatrix} - \boldsymbol{J}^{-1}(q)\dot{\boldsymbol{J}}(q)\boldsymbol{J}^{-1}(q) \begin{pmatrix} \boldsymbol{V}(t) \\ \boldsymbol{\omega}(t) \end{pmatrix} \tag{6-19}
$$

根据上面推导的关节坐标和直角坐标之间的运动关系，便可得到各种分解运动控制算法。

6.3.2 分解运动速度控制

机器人在直角坐标系中手爪速度和关节速度之间的关系为

$$
\dot{\boldsymbol{Z}}(t) = \boldsymbol{J}(q)\dot{\boldsymbol{q}}(t) \tag{6-20}
$$

式中，$\boldsymbol{J}(q)$ 为雅可比矩阵。

分解运动速度控制通过各关节电动机联合运行，以保证夹手沿笛卡儿坐标稳定运动。先把夹手运动分解为各关节的期望速度，然后对各关节实行速度伺服控制。图 6-18 所示为分解运动速度控制框图。

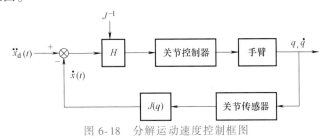

图 6-18　分解运动速度控制框图

1. 对于无冗余的机器人（6 个自由度）

$$\dot{\boldsymbol{q}}(t) = \boldsymbol{J}^{-1}(q)\dot{\boldsymbol{Z}}(t) \tag{6-21}$$

对要求的手爪速度可以用各关节速度来实现。

2. 对于有冗余的机器人（大于 6 个自由度）

逆雅可比矩阵不存在，可以求雅可比矩阵的广义逆，求得的关节速度解 $\boldsymbol{q}$ 不唯一，通常求解在某种意义下的最优解。

用带有拉格朗日乘子的目标函数：

$$C = \frac{1}{2}\dot{\boldsymbol{q}}^{\mathrm{T}}\boldsymbol{A}\,\dot{\boldsymbol{q}} + \boldsymbol{\lambda}^{\mathrm{T}}[\dot{\boldsymbol{Z}} - \boldsymbol{J}(q)\dot{\boldsymbol{q}}] \tag{6-22}$$

式中，$\boldsymbol{\lambda}$ 为拉格朗日乘子向量；$\boldsymbol{A}$ 为对称的正定矩阵。求 $\dot{\boldsymbol{q}}(t)$ 和 $\boldsymbol{\lambda}$ 使目标函数 C 取最小，得到

$$\dot{\boldsymbol{q}}(t) = \boldsymbol{A}^{-1}\boldsymbol{J}^{\mathrm{T}}(q)\boldsymbol{\lambda} \tag{6-23}$$

$$\dot{\boldsymbol{Z}}(t) = \boldsymbol{J}(q)\dot{\boldsymbol{q}}(t) = \boldsymbol{J}(q)\boldsymbol{A}^{-1}\boldsymbol{J}^{\mathrm{T}}(q)\boldsymbol{\lambda} \tag{6-24}$$

由此可得

$$\boldsymbol{\lambda} = [\boldsymbol{J}(q)\boldsymbol{A}^{-1}\boldsymbol{J}^{\mathrm{T}}(q)]^{-1}\dot{\boldsymbol{Z}}(t) \tag{6-25}$$

$$\dot{\boldsymbol{q}}(t) = \boldsymbol{A}^{-1}\boldsymbol{J}^{\mathrm{T}}(q)[\boldsymbol{J}(q)\boldsymbol{A}^{-1}\boldsymbol{J}^{\mathrm{T}}(q)]^{-1}\dot{\boldsymbol{Z}}(t) \tag{6-26}$$

6.3.3　分解运动加速度控制

手爪的实际位姿和指定位姿的齐次变换矩阵为

$$\boldsymbol{H}(t) = \begin{pmatrix} \boldsymbol{n}(t) & \boldsymbol{o}(t) & \boldsymbol{a}(t) & \boldsymbol{P}(t) \\ 0 & 0 & 0 & 1 \end{pmatrix} \tag{6-27}$$

$$\boldsymbol{H}_{\mathrm{d}}(t) = \begin{pmatrix} \boldsymbol{n}_{\mathrm{d}}(t) & \boldsymbol{o}_{\mathrm{d}}(t) & \boldsymbol{a}_{\mathrm{d}}(t) & \boldsymbol{P}_{\mathrm{d}}(t) \\ 0 & 0 & 0 & 1 \end{pmatrix} \tag{6-28}$$

手爪的位置误差为实际位置与指定位置之差，即

$$\boldsymbol{e}_{\mathrm{p}}(t) = \boldsymbol{P}_{\mathrm{d}}(t) - \boldsymbol{P}(t) = \begin{pmatrix} \boldsymbol{p}_{\mathrm{d}x}(t) - \boldsymbol{p}_{x}(t) \\ \boldsymbol{p}_{\mathrm{d}y}(t) - \boldsymbol{p}_{y}(t) \\ \boldsymbol{p}_{\mathrm{d}z}(t) - \boldsymbol{p}_{z}(t) \end{pmatrix} \tag{6-29}$$

手爪的方向误差为实际方向与指定方向之偏差，即

$$e_\theta(t) = \frac{1}{2}[\, \boldsymbol{n}(t) \times \boldsymbol{n}_d(t) + \boldsymbol{o}(t) \times \boldsymbol{o}_d(t) + \boldsymbol{a}(t) \times \boldsymbol{a}_d(t) \,] \tag{6-30}$$

操作臂的控制在于使这些误差减小至 0。

对于六杆操作臂，可以把线速度 $\boldsymbol{V}(t)$ 和角速度 $\boldsymbol{\omega}(t)$ 合并成 6 维矢量 $\dot{\boldsymbol{Z}}(t)$，即

$$\dot{\boldsymbol{Z}}(t) = \begin{pmatrix} \boldsymbol{V}(t) \\ \boldsymbol{\omega}(t) \end{pmatrix} = \boldsymbol{J}(q)\,\dot{\boldsymbol{q}}(t) \tag{6-31}$$

两边对 t 求导得

$$\ddot{\boldsymbol{Z}}(t) = \boldsymbol{J}(q)\,\ddot{\boldsymbol{q}}(t) + \dot{\boldsymbol{J}}(q,\dot{q})\,\dot{\boldsymbol{q}}(t) \tag{6-32}$$

分解运动加速度的闭环控制是将手爪位姿误差减小到 0。事先规划出操作臂的直角轨迹手爪相对于基础坐标系的预期位置、速度、加速度之后，可对操作臂的每个关节驱动器施加力矩或力，使实际线加速度满足：

$$\dot{\boldsymbol{V}}(t) = \dot{\boldsymbol{V}}_d(t) + k_v[\, \boldsymbol{V}_d(t) - \boldsymbol{V}(t) \,] + k_p[\, \boldsymbol{P}_d(t) - \boldsymbol{P}(t) \,] \tag{6-33}$$

实际角加速度应满足：

$$\dot{\boldsymbol{\omega}}(t) = \dot{\boldsymbol{\omega}}_d(t) + k_v[\, \boldsymbol{\omega}_d(t) - \boldsymbol{\omega}(t) \,] + k_p \boldsymbol{e}_0 \tag{6-34}$$

将以上两式合并得

$$\ddot{\boldsymbol{Z}}(t) = \ddot{\boldsymbol{X}}_d(t) + k_v[\, \dot{\boldsymbol{Z}}_d(t) - \dot{\boldsymbol{Z}}(t) \,] + k_p \boldsymbol{e}(t) \tag{6-35}$$

求出关节加速度为

$$\begin{aligned} \ddot{\boldsymbol{q}}(t) &= \boldsymbol{J}^{-1}(q)[\, \ddot{\boldsymbol{Z}}_d(t) + k_v(\dot{\boldsymbol{Z}}_d(t) - \dot{\boldsymbol{Z}}(t)) + k_p \boldsymbol{e}(t) - \dot{\boldsymbol{J}}(q,\dot{q})\,\dot{\boldsymbol{q}}(t) \,] \\ &= -k_v \dot{\boldsymbol{q}}(t) + \boldsymbol{J}^{-1}(q)[\, \ddot{\boldsymbol{Z}}_d(t) + k_v \dot{\boldsymbol{Z}}_d(t) + k_p \boldsymbol{e}(t) - \dot{\boldsymbol{J}}(q,\dot{q})\,\dot{\boldsymbol{q}}(t) \,] \end{aligned} \tag{6-36}$$

式中，
$$\dot{\boldsymbol{Z}}_d(t) = \begin{pmatrix} \boldsymbol{V}_d(t) \\ \boldsymbol{\omega}_d(t) \end{pmatrix}, \boldsymbol{e}(t) = \begin{pmatrix} \boldsymbol{e}_p(t) \\ \boldsymbol{e}_\theta(t) \end{pmatrix} = \begin{pmatrix} \boldsymbol{P}_d(t) - \boldsymbol{P}(t) \\ \boldsymbol{\Phi}_d(t) - \boldsymbol{\Phi}(t) \end{pmatrix}。 \tag{6-37}$$

以上式中，期望值为给定，误差值通过测量得到。

6.3.4 分解运动力控制

分解运动力控制是指确定施加在关节驱动器上的力，以达到对操作臂的位置控制。分解运动力控制是基于腕力传感器测得的分解力矢量 $\boldsymbol{F}$ 与关节力矩 $\boldsymbol{\tau}$ 之间的关系。直角位置控制是指计算施加在末端执行器上所需的力和力矩，以跟踪预期的直角坐标轨迹。力收敛控制是确定必需的关节力矩。分解运动力控制框图如图 6-19 所示。

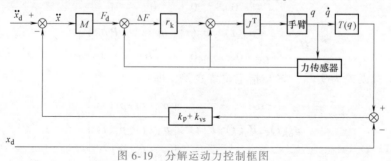

图 6-19 分解运动力控制框图

分解力矢量 $\boldsymbol{F} = (f_x \quad f_y \quad f_z \quad m_x \quad m_y \quad m_z)^{\mathrm{T}}$ 和关节力矩 $\boldsymbol{\tau} = (\tau_1 \quad \tau_2 \quad \cdots \quad \tau_n)^{\mathrm{T}}$ 之间的关系为

$$\boldsymbol{\tau}(t) = \boldsymbol{J}^{\mathrm{T}}(q)\boldsymbol{F}(t) \tag{6-38}$$

其中，$\boldsymbol{J}^{\mathrm{T}}(q)$ 为力雅可比，是运动雅可比的转置。

由于运动的微分关系：

$$\boldsymbol{T}(t+\Delta t) = \boldsymbol{T}(t) \cdot \begin{pmatrix} 1 & -\omega_z(t) & \omega_y(t) & v_x(t) \\ \omega_z(t) & 1 & -\omega_x(t) & v_y(t) \\ -\omega_y(t) & \omega_x(t) & 1 & v_z(t) \\ 0 & 0 & 0 & 1 \end{pmatrix} \cdot \Delta t \tag{6-39}$$

因此预期的直角坐标速度 $\dot{\boldsymbol{X}}_{\mathrm{d}}(t) = (v_x \quad v_y \quad v_z \quad \omega_x \quad \omega_y \quad \omega_z)^{\mathrm{T}}$ 可由下式求出：

$$\begin{pmatrix} 1 & -\omega_z(t) & \omega_y(t) & v_x(t) \\ \omega_z(t) & 1 & -\omega_x(t) & v_y(t) \\ -\omega_y(t) & \omega_x(t) & 1 & v_z(t) \\ 0 & 0 & 0 & 1 \end{pmatrix} = \frac{1}{\Delta t}\boldsymbol{T}^{-1}(t)\boldsymbol{T}(t+\Delta t) \tag{6-40}$$

从而得到直角坐标系中的误差 $(\dot{\boldsymbol{X}}_{\mathrm{d}} - \dot{\boldsymbol{X}})$，同样得到预期的直角坐标加速度 $\ddot{\boldsymbol{X}}_{\mathrm{d}}(t)$：

$$\ddot{\boldsymbol{X}}_{\mathrm{d}}(t) = \frac{\dot{\boldsymbol{X}}_{\mathrm{d}}(t+\Delta t) - \dot{\boldsymbol{X}}_{\mathrm{d}}(t)}{\Delta t} \tag{6-41}$$

利用 PID 调节规律，实际直角坐标加速度应该为

$$\ddot{\boldsymbol{X}} = \ddot{\boldsymbol{X}}_{\mathrm{d}}(t) + k_{\mathrm{v}}[\dot{\boldsymbol{X}}_{\mathrm{d}}(t) - \dot{\boldsymbol{X}}(t)] + k_{\mathrm{p}}[\boldsymbol{X}_{\mathrm{d}}(t) - \boldsymbol{X}(t)] \tag{6-42}$$

或

$$\ddot{\boldsymbol{e}}_x(t) + k_{\mathrm{v}}\dot{\boldsymbol{e}}_x(t) + k_{\mathrm{p}}\boldsymbol{e}_x(t) = 0 \tag{6-43}$$

适当选取增益 k_{v}、k_{p}，可使特征根具有负实部，$X(t)$ 便会收敛于 $X_{\mathrm{d}}(t)$。

根据牛顿第二定律，即可得到校正位置误差所需的力和力矩：

$$\boldsymbol{F}_{\mathrm{d}}(t) = \boldsymbol{M}\ddot{\boldsymbol{X}}(t) \tag{6-44}$$

式中，$\boldsymbol{M}$ 为质量矩阵，其对角元素为 m 和 I_{xx}、I_{yy}、I_{zz}（负载总的质量和对各惯性主轴的惯性矩）。

进一步可得到各关节的关节力矩：

$$\boldsymbol{\tau}(t) = \boldsymbol{J}^{\mathrm{T}}(q)\boldsymbol{F}_{\mathrm{d}}(t) = \boldsymbol{J}^{\mathrm{T}}(q)\boldsymbol{M}\ddot{\boldsymbol{X}}(t) \tag{6-45}$$

当负载惯量相比操作臂惯量可以忽略不计时，分解运动力控制的效果还不错。但当负载惯量和操作臂惯量相当时，手爪位置通常并不收敛到预期位置。原因在于部分关节力矩要用于加速各个连杆。为了补偿负载和加速度效应，分解运动力控制还包括力收敛控制。

力收敛控制方法基于 Robbins-Mouro 随机逼近，用逼近法确定实际的直角力 F_{a}，以使腕力传感器测得的观测力 F_{o} 收敛于位置控制方案所需的直角力 F_{d}。如果观测力 F_{o} 与期望力 F_{d} 两者之差大于用户设定的门限 $\Delta F(k) = F_{\mathrm{d}}(k) - F_{\mathrm{o}}(k)$，则实际直角力应更新为 $F_{\mathrm{a}}(k+1) = F_{\mathrm{a}}(k) + \gamma_{\mathrm{k}}\Delta F(k)$，式中 $\gamma_{\mathrm{k}} = \dfrac{1}{k+1}(k = 0, 1, \cdots, N)$。

习　题

1. 工业机器人控制系统的基本特点有哪些？
2. 工业机器人控制系统的基本要求有哪些？
3. 工业机器人控制系统的基本功能有哪些？
4. 什么是伺服驱动器？
5. 什么是运动控制器？
6. 工业机器人的控制方式有哪些？
7. 什么是分散控制方式？
8. 什么是主从控制方式？
9. 试画出工业机器人关节控制系统的控制框图。
10. 试画出分解运动力控制系统的控制框图。

第7章

Chapter

工业机器人通信

工业控制网络是近年来发展形成的自动控制领域的网络技术，是计算机网络、通信技术与自动控制技术结合的产物。工业控制网络适应了企业信息集成系统和管理控制一体化系统发展的需要，是 IT 技术在自动控制领域的延伸，是自动控制领域的局域网。

工业控制网络一直是工业自动化领域的研究热点，以现场总线技术和工业以太网技术为代表的工业控制网络技术引发了工业自动化领域的重大变革，工业自动化正朝着网络化、开放化、智能化和集成化的方向发展。工业控制网络是控制技术、通信技术和计算机技术在工业现场控制层、过程监控层和生产管理层的综合体现，已广泛应用于过程控制自动化、制造自动化、楼宇自动化以及交通运输等多个领域。应用工业控制网络的工业自动化系统将越来越多，在设计研发、施工调试和设备维护等环节需要大量的专业人才。

工业机器人作为智能设备在编程、调试、运行、维护的过程中需要通信网络技术，为了和 PLC 等其他工业设备进行系统集成，需要 DeviceNet、Profibus、Profinet、EthernetIP 等工业网络通信接口。

7.1 工业机器人编程接口

ABB 工业机器人控制器 IRC5 支持先进的 I/O 现场总线，在任何工厂网络中都是一个性能良好的节点，具有一系列强大的联网功能，如传感器接口、远程磁盘访问、套接口通信等。可通过标准通信网（GSM 或以太网）进行工业机器人远程监测。先进诊断方法可实现故障快速确诊及工业机器人终生状态监测。提供多种服务包供用户选择，涵盖备份管理、状况报告、预防性维护等各类新型服务。

工业机器人常用的编程接口有串行口和以太网口，如图 7-1 所示。

7.1.1 RS-232C 接口标准

RS-232C 是美国电子工业协会（Electronic Industry Association，EIA）制定的一种串行物

理接口标准。RS 是英文"推荐标准"的缩写，232 为标识号，C 表示修改次数。RS-232 总线标准设有 25 条信号线，包括一个主通道和一个辅助通道，其引脚功能见表 7-1。

RS-232接口

硬盘

网线端口与计算机连接，实现数据通信

图 7-1　IRC5 工业机器人控制器编程接口

表 7-1　RS-232 引脚功能

引脚		方向	符号	功能
25 针	9 针			
2	3	输出	TXD	发送数据
3	2	输入	RXD	接收数据
4	7	输出	RTS	请求发送
5	8	输入	CTS	为发送清零
6	6	输入	DSR	数据设备准备好
7	5		GND	信号地
8	1	输入	DCD	
20	4	输入	DTR	数据信号检测
22	9	输入	RI	

1. 信号含义

RS-232 的功能特性定义了 25 芯标准连接器中的 20 条信号线，其中 2 条地线、4 条数据线、11 条控制线、3 条定时信号线，剩下的 5 条线做备用或未定义。常用的只有 9 条，它们是：

（1）联络控制信号线

1）数据发送准备好（DSR）。DSR 有效时（ON 状态），表明 MODEM 处于可以使用的状态。

2）数据终端准备好（DTR）。DTR 有效时（ON 状态），表明数据终端可以使用。

这两个信号有时连到电源上，一上电就立即有效。这两个设备状态信号有效，只表示设备本身可用，并不说明通信链路可以开始进行通信了，能否开始进行通信要由下面的控制信号决定。

3）请求发送（RTS）。RTS 用来表示 DTE 请求 DCE 发送数据，即当终端准备要接收MODEM 传来的数据时，使该信号有效（ON 状态），请求 MODEM 发送数据。它用来控制MODEM 是否要进入发送状态。

4）允许发送（CTS）。CTS 用来表示 DCE 准备好接收 DTE 发来的数据，是与请求发送信号 RTS 相应的信号。当 MODEM 准备好接收终端传来的数据，并向前发送时，使该信号有效，通知终端开始沿发送数据线 TXD 发送数据。

这对 RTS/CTS 请求应答联络信号是用于半双工 MODEM 系统中发送方式和接收方式之间的切换。在全双工系统中，因配置双向通道，故不需要 RTS/CTS 联络信号，使其变高。

5）振铃指示（RI）。当 MODEM 收到交换台送来的振铃呼叫信号时，使 RI 信号有效（ON 状态），通知终端，已被呼叫。

6）载波检测（DCD）。主要用于 MODEM 通知计算机其处于在线状态。

（2）数据发送与接收线

1）发送数据（TXD）。通过 TXD 终端将串行数据发送到 MODEM，DTE→DCE。

2）接收数据（RXD）。通过 RXD 终端接收从 MODEM 发来的串行数据，DCE→DTE。

（3）地线（GND）　GND 提供参考电位，无方向。

2. 电气特性

RS-232 对电气特性、逻辑电平和各种信号线功能都做了规定。

在 TXD 和 RXD 上：

逻辑 1（MARK）= −3 ~ −15V。

逻辑 0（SPACE）= +3 ~ +15V。

在 RTS、CTS、DSR、DTR 和 DCD 等控制线上：

信号有效（接通，ON 状态，正电压）= +3 ~ +15V。

信号无效（断开，OFF 状态，负电压）= −3 ~ −15V。

以上规定说明了 RS-232 标准对逻辑电平的定义。对于数据（信息码）：逻辑 1（传号）的电平低于−3V，逻辑 0（空号）的电平高于+3V；对于控制信号：接通状态（ON）即信号有效的电平高于+3V，断开状态（OFF）即信号无效的电平低于−3V，也就是当传输电平的绝对值大于 3V 时，电路可以有效地检查出来，介于−3 ~ +3V 之间的电压无意义，低于−15V 或高于+15V的电压也认为无意义。因此，实际工作时，应保证电平在±(3~15)V 之间。

3. RS-232 电平转换器

为了实现采用+5V 供电的 TTL 和 CMOS 通信接口电路能与 RS-232 标准接口连接，必须进行串行口的输入/输出信号的电平转换。

目前常用的电平转换器有 MOTOROLA 公司生产的 MC1488 驱动器、MC1489 接收器，TI 公司的 SN75188 驱动器、SN75189 接收器及美国 MAXIM 公司生产的单一+5V 电源供电、多路 RS-232 驱动器/接收器，如 MAX232A。

7.1.2　RS-485 接口标准

智能仪表是随着 20 世纪 80 年代初单片机技术的成熟而发展起来的，现在世界仪表市场基本被智能仪表所垄断。究其原因就是企业信息化的需要，企业在仪表选型时要求的一个必要条件就是要具有联网通信接口。最初是数据模拟信号输出简单过程量，后来仪表接口是 RS-232 接口，这种接口可以实现点对点的通信方式，但这种方式不能实现联网功能。随后出现的 RS-485 解决了这个问题。

1. RS-485 接口的特点

逻辑 1 以两线间的电压差为+(0.2~6)V 表示；逻辑 0 以两线间的电压差为−(0.2~6)V 表示。RS-485 的接口信号电平比 RS-232 降低了，不易损坏接口电路的芯片；且该电平与 TTL 电平兼容，可方便地与 TTL 电路连接。

142

RS-485 接口是采用平衡驱动器和差分接收器的组合，抗共模干扰能力增强，即抗噪声干扰性好。

RS-485 最大的通信距离约为 1200m，最大传输速率为 10Mbit/s，传输速率与通信距离成反比，在 100kbit/s 的传输速率下，才可以达到最大的通信距离，若需传输更长的距离，则需要加 485 中继器。RS-485 总线一般最大支持 32 个节点，如果使用特制的 485 芯片，可以达到 128 个或者 256 个节点，最多可以支持到 400 个节点。

RS-485 的价格比较便宜，能够很方便地添加到任何一个系统中，还支持比 RS-232 更长的通信距离、更快的传输速率以及更多的节点。RS-485 和 RS-232 的主要技术参数比较见表 7-2。

表 7-2 　RS-485 和 RS-232 的主要技术参数比较

规　　范	RS-232	RS-485
最大通信距离	15m	1200m
最大传输速率	20kbit/s	10Mbit/s
驱动器最小输出/V	±5	±1.5
驱动器最大输出/V	±15	±6
接收器敏感度/V	±3	±0.2
最大驱动器数量	1	32 单位负载
最大接收器数量	1	32 单位负载
传输方式	单端	差分

从表 7-2 可以看到，RS-485 更适用于多台计算机或带微控制器的设备之间的远距离数据通信。

应该指出的是，RS-485 标准没有规定连接器、信号功能和引脚分配。要保持两根信号线相邻，两根差动导线应该位于同一根双绞线内。引脚 A 与引脚 B 不要调换。

2. RS-485 的优点

（1）成本低　驱动器和接收器的价格便宜，并且只需要单一的一个+5V（或者更低）电源来产生差动输出需要的最小 1.5V 的压差。与之相对应，RS-232 的最小+5V 与−5V 输出需要双电源或者一个价格昂贵的接口芯片。

（2）网络驱动能力强　RS-485 是一个多引出线接口，这个接口可以有多个驱动器和接收器，而不是限制为两台设备。利用高阻抗接收器，一个 RS-485 连接可以最多有 256 个接点。

（3）连接距离远　一个 RS-485 连接最长可以达到 1200m，而 RS-232 的典型距离限制为 15m。

（4）传输速率快　RS-485 的传输速率可以高达 10Mbit/s。电缆长度和传输速率是有关的，较低的传输速率允许较长的电缆。

3. RS-485 收发器

RS-485 收发器的种类较多，如 MAXIM 公司的 MAX485、TI 公司的 SN75LBC184 和高速型 SN65ALS1176 等。它们的引脚是完全兼容的，其中 SN65ALS1176 主要用于高速应用场合，如 PROFIBUS-DP 现场总线等。下面主要介绍 MAXIM 公司的 MAX485 芯片。

MAX481/MAX483/MAX485 是用于 RS-485 通信的小功率收发器，它们都含有一个驱动器和一个接收器。MAX483 的特点是具有限斜率的驱动器，这样可以使电磁干扰（EMI）减至最小，并减小因电缆终端不匹配而产生的影响，能以高达 250kbit/s 的速率无误差地传送数据。MAX481 和 MAX485 的驱动器不是限斜率的，允许以 2.5Mbit/s 的速率发送数据。这些收发器的工作电流为 120~500μA。此外，MAX481 和 MAX483 有一个低电流的关闭方式，在此方式下，它们仅需要 0.1μA 的工作电流。所有这些收发器只需一个 +5V 的电源。

这些驱动器具有短路电流限制和使用热关闭控制电路进行超功耗保护。在超过功耗时，热关闭电路将驱动器的输出端置于高阻状态。接收器的输入端具有自动防止故障的特性，当输入端开路时，能确保输出为高电平。

7.1.3　以太网

以太网（Ethernet）最早由 Xerox 开发，后经数字仪器公司、Intel 公司联合扩展，形成了包括物理层与数据链路层的规范。以这个技术规范为基础，电子电气工程师协会制定了局域网标准 IEEE 802.3。

随着以太网技术的发展与普及，以太网逐渐成为互联网系列技术的代名词。其技术内容包括以太网原有的物理层与数据链路层，网络层与传输层的 TCP/IP 协议组，应用层的简单邮件传送协议（SMTP）、简单网络管理协议（SNMP）、域名服务（DNS）、文件传输协议（FTP）、超文本传输协议（HTTP）和动态网页发布等互联网上的应用协议，都被纳入了以太网的技术范畴，与以太网这个名词绑定在一起。以太网与 OSI 参考模型的对照关系如图 7-2 所示。

应用层	应用协议
表示层	
会话层	
传输层	TCP/UDP
网络层	IP
数据链路层	以太网MAC
物理层	以太网物理层

图 7-2　以太网与 OSI 参考模型的对照关系

工业以太网涉及工业企业网络的各个层次，无论是工业环境下的企业信息网络（即计算机网络），还是采用普通以太网技术的控制网络，以及新兴的实时以太网，均属于工业以太网的技术范畴。对于有严格时间要求的控制应用场合，要提高现场设备的通信性能，要满足现场控制的实时性需求，需要开发实时以太网技术。直接采用普通以太网作为控制网络的通信技术，也是工业以太网发展的一个方向，它适合用于某些实时性要求不高的测量控制场合。在控制网络中采用以太网技术无疑有助于控制网络与互联网的融合，即实现以太网的 E 网到底，使控制网络无须经过网关转换可直接连至互联网，使测控节点有条件成为互联网上的一员。在控制器、PLC、测量变送器、执行器及 I/O 卡等设备中嵌入以太网通信接口、TCP/IP、Web Server，便可形成支持以太网、TCP/IP 和 Web 服务器的以太网现场节点。在应用层协议尚未统一的环境下，借助 IE 浏览器等通用的网络浏览器实现对生产现场的监视与控制，进而实现远程监控，也是人们提出且正在实现的一个有效解决方案。

工业以太网的技术内容丰富，是一系列技术的总称，但它并非是一个不可分割的技术整体。在工业以太网技术的应用选择中，并不要求所有技术一应俱全，如工业环境的信息网络，其通信并不需要实时以太网的支持；在要求抗振动的场合不一定要求耐高、低温。总之，具体到某一应用环境，并不一定需要涉及方方面面的解决方案。应根据使用场合的特点与需求、工作环境、性能价格比等因素分别选取。

7.2 DeviceNet

DeviceNet 是 1994 年由 AB 公司（现归属 Rockwell）提出的现场总线技术。1995 年，DeviceNet 协议由开放式设备网络供货商协会（Open DeviceNet Vendor Association，ODVA）管理。ODVA 实行会员制，会员分供货商会员（vendor members）和分销商会员（distributor member），ODVA 供货商会员包括 ABB、Rockwell、OMRON 及台达电子等几乎所有世界著名的电器和自动化元件生产商。2000 年，DeviceNet 成为 ICE 62026 中控制器与电器设备接口的四种现场总线之一。此外，DeviceNet 也被列为欧洲标准 EN 50325，实际上 DeviceNet 是亚洲和美洲主流的设备网标准。2002 年，DeviceNet 被批准为中国国家标准 GB/T 18858.2—2002，现行标准为 GB/T 18858.2—2012。

7.2.1 DeviceNet 概述

在北美和日本，DeviceNet 在同类产品中占有最高的市场份额，在其他各地也呈现出强劲的发展势头。DeviceNet 已广泛应用于汽车工业、半导体产品制造业、食品加工工业、搬运系统、电力系统、包装、石油、化工、钢铁、水处理、楼宇自动化、工业机器人、制药和冶金等领域。

DeviceNet 将基本工业设备（如传感器、阀组、电动机起动器、条形码阅读器和操作员接口等）连接到网络，从而避免了昂贵和烦琐的接线。DeviceNet 是一种简单的网络解决方案，在提供多供货商同类部件间的可互换性的同时，减少了配线和安装自动化设备的成本和时间。

DeviceNet 是一个开放式网络标准，其规范和协议都是开放的，用户将设备连接到系统时，无须购买硬件、软件或许可权。任何个人或制造商都能以少量的复制成本从 ODVA 获得 DeviceNet 规范。

在 Rockwell 提出的三层网络结构中，DeviceNet 主要应用于工业控制网络的底层，即设备层。在工业控制网络的底层中，传输的数据量小，节点功能相对简单，复杂程度低，但节点的数量大，要求网络节点费用低。DeviceNet 正是满足了工业控制网络底层的这些要求，从而在离散控制领域中占有一席之地。

DeviceNet 的特性如下：

1）介质访问控制及物理信号使用 CAN 总线技术。

2）最多可支持 64 个节点，每个节点支持的 I/O 数量没有限制。

3）不必切断网络即可移除节点。

4）支持总线供电，总线电缆中包括电源线和信号线，供电装置具有互换性。

5）可使用密封式或开放式的连接器。

6）具有误接线保护功能。

7）可选的传输速率为 125kbit/s、250kbit/s、500kbit/s。

8）采用基于连接的通信模式，有利于节点之间的可靠通信。

9）提供典型的请求/响应通信方式。

10）具有重复 MAC ID 检测机制，满足节点主动上网要求。

7.2.2 CAN 总线

控制器局域网（Controller Area Network，CAN）是 1983 年德国 Bosch 公司为解决众多测量控制部件之间的数据交换问题而开发的一种串行数据通信总线。1986 年，德国 Bosch 公司在汽车工程人员协会大会上提出了新总线系统，被称为汽车串行控制器局域网。1993 年，ISO 正式将 CAN 总线颁布为道路交通运输工具—数据报文交换—高速报文控制器局域网标准（ISO 11898），为 CAN 总线标准化和规范化铺平了道路。

与其他同类通信技术相比，CAN 总线具有突出的可靠性、实时性和灵活性等技术优势，其主要特点如下：

1）CAN 总线是到目前为止唯一有国际标准的现场总线。

2）CAN 总线为多主方式工作，本质上是一种载波监听多路访问（CSMA）方式，总线上任意一个节点均可以主动地向网上其他节点发送报文，而不分主从。

3）CAN 总线废除了传统的站地址编码，采用报文标识符对通信数据进行编码。

4）CAN 总线通过对报文标识符过滤即可实现点对点、一点对多点传送和全局广播等几种数据传送方式。

5）CAN 总线采用非破坏性总线仲裁（Nondestructive Bus Arbitration，NBA）技术，按优先级发送，可以大大减少总线冲突仲裁时间，在重通信负载时表现出良好的性能。

6）CAN 总线直接通信距离最远可达 10km（在传输速率小于 5kbit/s 的情况下），传输速率最高可达 1Mbit/s（此时最远通信距离为 40m）。

7）CAN 总线上的节点数主要取决于总线驱动电路，目前可达 110 个。

8）CAN 总线采用短帧结构，传输时间短，受干扰的概率低，保证了通信的低出错率。

9）CAN 总线每帧都有 CRC 校验及其他检错措施，保证了通信的高可靠性。

10）CAN 节点在错误严重的情况下具有自动关闭的功能，以使总线上其他节点的操作不受影响。

11）CAN 总线通信介质可灵活采用双绞线、同轴电缆或光纤。

12）CAN 总线具有较高的性价比。CAN 节点结构简单，器件容易购置，每个节点的价格较低，而且开发技术容易掌握。

1. CAN 总线的通信模型

1991 年，Bosch 公司发布 CAN2.0 规范。CAN2.0 规范分为 CAN2.0A 和 CAN2.0B，CAN2.0A 支持标准的 11 位标识符，CAN2.0B 同时支持标准的 11 位标识符和扩展的 29 位标识符。CAN2.0 规范的目的是在任何两个基于 CAN 总线的仪器之

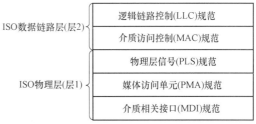

图 7-3　CAN 总线通信模型

间建立兼容性，CAN2.0B 规范完全兼容 CAN2.0A 规范。CAN 总线通信模型如图 7-3 所示，遵从 ISO/OSI 参考模型中的物理层、数据链路层规范。实际应用 CAN 总线时，用户可以根据需要实现应用层的功能。

CAN 总线的物理层包括物理层信号（PLS）、媒体访问单元（PMA）和介质相关接口

（MDI）规范三部分，主要完成电气连接、驱动器/接收节点特性、位定时、同步及位编码/解码的描述。

（1）CAN 总线的位编码　CAN 位流根据"不归零"（NRZ）方式来编码。CAN 总线的数值为两种互补逻辑数值——"显性"（Dominant）或"隐性"（Recessive），"显性"数值表示逻辑 0，而"隐性"数值表示逻辑 1。当总线上两个不同的节点在同一位时间分别传送显性和隐性位时，总线上呈现显性位，即显性位覆盖了隐性位。

（2）CAN 总线的位数值表示　CAN 总线可以使用多种通信介质，如双绞线、同轴电缆和光纤等，最常用的就是双绞线。采用双绞线时，信号使用差分电压（V_{diff}）传送，两条信号线分别被称为 CAN_H 和 CAN_L，CAN 总线的位数值表示如图 7-4 所示。传送隐性位时，总线上差分电压近似为 0V；传送显性位时，总线上差分电压近似为 2V。

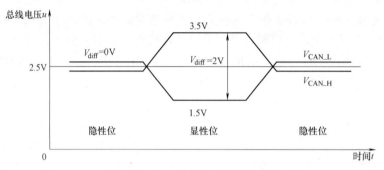

图 7-4　CAN 总线的位数值表示

（3）最大通信距离与传输速率　CAN 总线上任意两节点之间的最大通信距离与其传输速率的关系如图 7-5 所示。不同的系统，传输速率不同，但在确定系统里，传输速率是唯一且固定的。

（4）CAN 总线与节点的电气连接 CAN 总线技术规范中没有规定物理层的驱动器/接收器特性，允许用户根据具体应用规定相应的发送驱动能力。CAN 总线技术规范中对通信介质未做规定，所

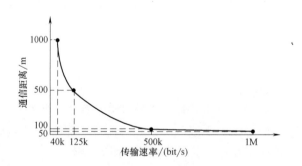

图 7-5　最大通信距离与传输速率的关系

以 CAN 总线的通信介质可以选择双绞线、同轴电缆、光纤，甚至可是无线网络（CDMA、GPRS、蓝牙等）。一般来说，在一个总线段内，要实现不同节点间的数据传输，所有节点的物理层应该是相同的。

在国际标准 ISO 11898 中，对基于双绞线的 CAN 系统建议采用图 7-6 所示的电气连接。为了抑制信号在端点的反射，CAN 总线要求在两个端点上安装两个 120Ω 的终端电阻。CAN 总线的驱动可采用单线上拉、单线下拉和双线驱动。如果所有节点的晶体管均处于关断状态，则 CAN 总线上呈现隐性状态。如果 CAN 总线上至少有一个节点发送端的那对晶体管导通，产生的电流流过终端电阻，在 CAN_H 和 CAN_L 两条线之间产生差分电压，总线上就呈现出显性状态。CAN 总线上的信号接收采用差分比较器，读取差分电压值。

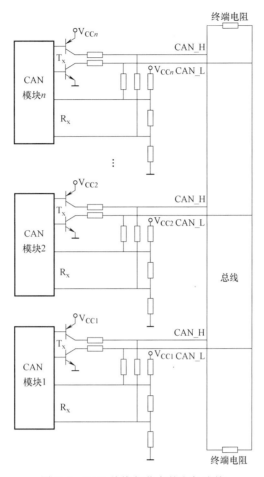

图 7-6　CAN 总线与节点的电气连接

（5）位时间　理想发送节点在没有重同步的情况下每秒发送的位数量定义为标称位速率（Nominal Bit Rate）。标称位时间（Nominal Bit Time）定义为标称位速率的倒数，即标称位时间 = 1/标称位速率。

位时间指的是 CAN 总线通信时一位数据持续的时间，CAN 总线工作时标称位速率是不变的，那么标称位时间也保持不变，即要求每个位在总线上的时间要保持一致。

CAN 总线的标称位时间可划分为不重叠的时间段，如图 7-7 所示，包括同步段（SYNC_SEG）、传播段（PROP_SEG）、相位缓冲段 1（PSEG1）和相位缓冲段 2（PSEG2）。

图 7-7　位时间结构

1）同步段。同步段用于同步总线上不同的节点，是 CAN 总线位时间中每一位的起始部分。不管是发送节点发送一位还是接收节点接收一位都是从同步段开始的。此段期待一个跳变沿。

2）传播段。传播段用于补偿网络内的物理延时。由于发送节点和接收节点之间存在网络传输延迟以及物理接口延迟，发送节点发送一位之后，接收节点延迟一段时间才能接收到，因此，发送节点和接收节点对应同一位的同步段起始时刻就有一定的延时。

3）相位缓冲段1、2。相位缓冲段用于补偿边沿阶段的误差。通过相位缓冲段的加长或缩短可以实现重同步。

4）采样点。采样点（Sample Point）是读取总线电平并转换为一个对应的位值的一个时间点，位于相位缓冲段1的结尾。

CAN总线标称位时间中各个时间段都可以根据具体网络情况重新设置，均由CAN控制器的可编程位定时参数来实现。位时间内时间段的设定能实现CAN总线节点同步、网络发送延迟补偿和采样点定位等功能。

（6）同步。同步使CAN总线系统的收发两端在时间上保持步调一致。从位时间的同步方式考虑，CAN总线实质上属于异步通信协议，每传输一帧，以帧起始位开始，而以帧结束及随后的间歇场结束。这就要求收/发双方从帧起始位开始必须保持帧内报文代码中的每一位严格同步。CAN总线的位同步只有在节点检测到隐性位到显性位的跳变时才会产生，当跳变沿不位于位周期的同步段之内时将会产生相位误差。该相位误差就是跳变沿与同步段结束位置之间的距离。相位误差源于节点的振荡器漂移、网络节点之间的传播延迟以及噪声干扰等。CAN协议规定了硬同步和重同步两种类型的同步。

1）硬同步。硬同步只在总线空闲时通过一个从隐性位到显性位的跳变（帧起始）来完成，此时不管有没有相位误差，所有节点的位时间重新开始。强迫引起硬同步的跳变沿位于重新开始的位时间的同步段之内。

2）重同步。在报文的随后位中，每当有从隐性位到显性位的跳变，并且该跳变沿落在了同步段之外时，就会引起一次重同步。重同步机制可以根据跳变沿加长或者缩短位时间来调整采样点的位置，以保证正确采样。

若跳变沿落在了同步段之后、采样点之前，则会产生正的相位误差，此时接收节点会加长自己的相位缓冲段1；若跳变沿落在了采样点之后、同步段之前，则会产生负的相位误差，此时接收节点会缩短自己的相位缓冲段2。

重同步跳转宽度（SJW）定义为相位缓冲段1可被加长或相位缓冲段2可被缩短的上限值。

2. CAN总线的数据链路层

CAN总线的数据链路层包括逻辑链路控制子层（LLC）和介质访问控制子层（MAC）两部分。

（1）逻辑链路控制子层（LLC）逻辑链路控制子层（LLC）是为数据传送和远程数据请求提供服务的，确认由LLC子层接收的报文实际已被接收，并为恢复管理和通知超载提供报文。

1）验收过滤。帧内容由标识符命名，标识符描述数据的含义，每个接收节点通过帧验收过滤确定此帧是否被接收。

2）超载通知。若接收节点由于内部原因要求延迟下一个数据帧/远程帧，则发送超载帧，以延迟下一个数据帧/远程帧。

3）恢复管理。发送期间，对于丢失仲裁或被错误干扰的帧，LLC子层具有自动重发功能。

（2）介质访问控制子层（MAC） 介质访问控制子层（MAC）的功能主要包括帧格式和介质访问管理，此外还有位填充、应答、错误检测和故障界定等。MAC 子层不存在修改的灵活性，是 CAN 总线协议的核心。MAC 子层功能描述如图 7-8 所示。

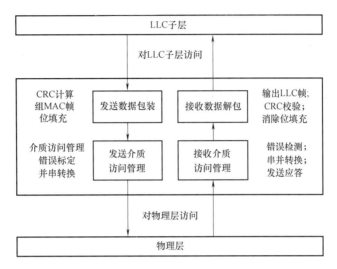

图 7-8　MAC 子层功能描述

1）介质访问管理。如果总线处于空闲，任何单元都可以开始发送报文。若是两个或两个以上的单元同时开始传送报文，就会产生总线访问冲突。CAN 总线采用"带非破坏性逐位仲裁的载波侦听多路访问（CSMA/NBA）"机制，通过使用标识符的位仲裁形式可以解决这个冲突。仲裁期间，每一个发送节点都对发送位的电平与被监控的总线电平进行比较，如果电平相同，则这个单元可以继续发送；如果发送的是一隐性电平而监控到一显性电平，那么该节点就丢失了仲裁，必须退出发送状态。仲裁过程如图 7-9 所示。

节点1	0	0	0	0	0	0	1	1	0	0	1	丢失仲裁，退出发送状态							
节点2	0	0	0	0	0	0	1	1	0	0	0	1	1	0	0	0	1	1	1	1
总线数值	0	0	0	0	0	0	1	1	0	0	0	1	1	0	0	0	1	1	1	1

图 7-9　仲裁过程

所以，在总线访问期间，标识符定义静态的报文优先权，即标识符值越小的优先权越高。总线空闲时，任何单元都可以开始传送报文，具有较高优先权报文的单元可以获得总线访问权，这也是 CAN 的特点之一。

2）MAC 帧位填充。当发送节点在发送位流（帧起始、仲裁场、控制场、数据场和 CRC 序列）中检测到 5 个数值相同的连续位（包括填充位）时，便在实际发送的位流中自动插入一个补码位，如图 7-10 所示。

3. CAN 总线帧结构

CAN 总线上的报文以不同的固定报文格式发送。CAN 通信协议约定了四种不同的报文格式，分别为数据帧（Data Frame）、远程帧（Remote Frame）、出错帧（Error Fram）和超

不含填充位的位序列

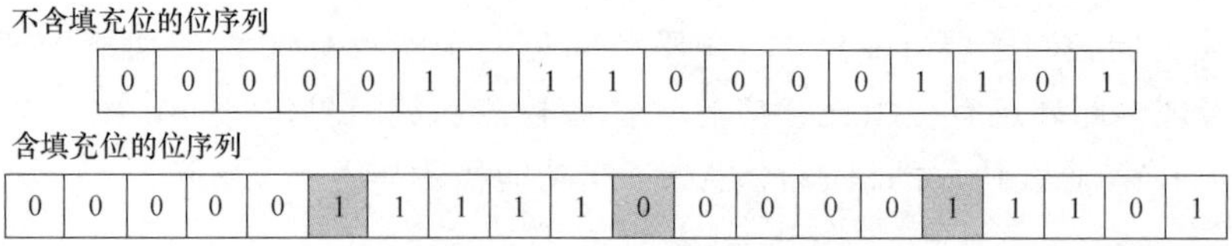

| 0 | 0 | 0 | 0 | 0 | 0 | 1 | 1 | 1 | 1 | 0 | 0 | 0 | 0 | 0 | 1 | 1 | 0 | 1 |

含填充位的位序列

| 0 | 0 | 0 | 0 | 0 | 0 | 1 | 1 | 1 | 1 | 1 | 0 | 0 | 0 | 0 | 0 | 1 | 1 | 1 | 0 | 1 |

图 7-10 MAC 帧位填充

载帧（Overload Frame）。数据帧用于携带数据从发送节点至接收节点。远程帧用于接收节点向发送单元请求发送具有相同标识符的数据。出错帧由检测出总线错误的节点发出，用于向总线通知出现了错误。超载帧用于在当前和后续的数据或远程帧之间增加附加的延时。

（1）数据帧 数据帧由 7 个不同的位场组成，分别为帧起始、仲裁场、控制场、数据场、CRC 场、应答场和帧结束。数据帧的位场排列如图 7-11 所示，其中帧起始、仲裁场和控制场定义为数据帧帧头，CRC 场、应答场和帧结束定义为数据帧帧尾。

帧间空间	S O F	仲裁场	控制场	数据场	CRC场	应答场	帧结束	帧间空间

图 7-11 数据帧的位场排列

1）帧起始。帧起始（SOF）标志数据帧的起始，由一个显性位组成。只有在总线空闲时才允许节点开始发送帧起始，所有节点必须同步于开始发送报文的节点的帧起始前沿，即硬同步。

2）仲裁场。在帧起始之后是仲裁场，标准帧和扩展帧的仲裁场格式不同。标准帧仲裁场由 11 位标识符（ID）和远程发送请求位（RTR）组成，如图 7-12 所示。其中标识符分别为 ID10～ID0，用于总线仲裁和报文过滤，RTR 位用于区分报文是数据帧还是远程帧，数据帧 RTR 位为显性，远程帧 RTR 位为隐性。

S O F	11位标识符(ID10～ID0)	R T R	I D E	r0	DLC	数据场(0～8字节)

图 7-12 标准数据帧帧头结构

扩展帧仲裁场由 29 位标识符、替代远程请求位（SRR）、标识符扩展位（IDE）和远程发送请求位（RTR）组成，如图 7-13 所示。其中标识符分为基本 ID（ID28～ID18）和扩展 ID（ID17～ID0）两部分，基本 ID 与标准帧 ID 兼容，SRR 位在扩展帧中用于替代标准帧 RTR 位的位置，且 SRR 位固定为隐性位。IDE 位用于区分报文是扩展帧还是标准帧，扩展帧 IDE 位为隐性位，标准帧 IDE 位为显性位。当扩展帧与标准帧进行总线仲裁，而扩展帧的基本 ID 与标准帧 ID 相同时，标准帧赢得总线仲裁。

S O F	基本标识符(ID28～ID18)	S R R	I D E	扩展标识符(ID17～ID0)	R T R	r1	r0	DLC

图 7-13 扩展数据帧帧头结构

3）控制场。控制场由 6 个位组成，控制场的前两位为保留位（r1 和 r0），保留位定义为显性位；其余 4 位为数据长度码（DLC），说明了数据帧的数据场中包含的数据字节数。数据场允许的数据字节数为 0~8，数据长度码和数据字节数的关系见表 7-3。

表 7-3　数据长度码和数据字节数的关系

数据字节数	数据长度码			
	DLC3	DLC2	DLC1	DLC0
0	0	0	0	0
1	0	0	0	1
2	0	0	1	0
3	0	0	1	1
4	0	1	0	0
5	0	1	0	1
6	0	1	1	0
7	0	1	1	1
8	1	0	0	0

4）数据场。数据场由数据帧的发送数据组成，首先发送的是最高字节的最高位。数据场的数据字节长度由上述数据长度码 DLC 定义（0~8 字节）。

5）CRC 场。如图 7-14 所示，CRC 场由 15 位 CRC 序列和 1 位 CRC 界定符组成。CRC 序列用于检测报文传输错误，参与 CRC 校验的位流成分是帧起始、仲裁场、控制场和数据场（不包括填充位），CRC 生成多项式 $R(X)$ 为 $X^{15}+X^{14}+X^{10}+X^8+X^7+X^4+X^3+1$。CRC 序列计算与校验由 CAN 控制器中的硬件完成。CRC 界定符定义为隐性位。

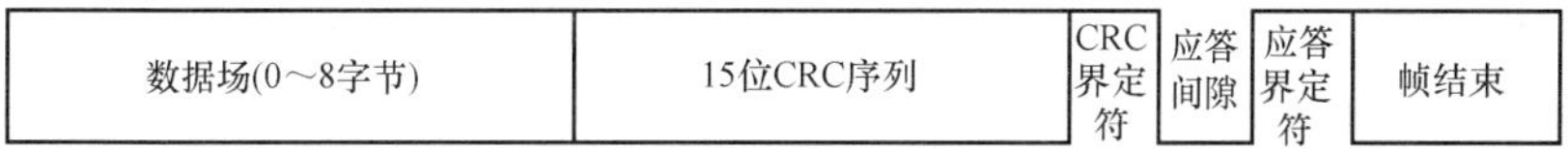

数据场(0~8字节)	15位CRC序列	CRC界定符	应答间隙	应答界定符	帧结束

图 7-14　数据帧帧尾结构

6）应答场。应答场由应答间隙和应答定界符两个位组成。在应答间隙期间，发送节点发出一个隐性位，任何接收到匹配 CRC 序列报文的节点都会发回一个显性位，确认报文收到无误。应答定界符为 1 个隐性位。应答的本质是所有接收节点检查报文的一致性。

7）帧结束。每一个数据帧的结束均由一标志序列（即帧结束）界定，这个标志序列由 7 个隐性位组成。

（2）远程帧。一般情况下，数据传输是由数据源节点（如传感器发送数据帧）自主完成的。但也可能发生目的节点向源节点请求发送数据的情况，要做到这一点，目的节点可以发送一个标识符与所需数据帧的标识符相匹配的远程帧。随后相应的数据源节点会发送一个数据帧以响应远程帧请求。远程帧也分为标准帧和扩展帧，由帧起始、仲裁场、控制场、CRC 场、应答场和帧结束 6 个域组成。

远程帧与数据帧存在两点不同，第一，远程帧的 RTR 位为隐性状态；第二，远程帧没有数据场，所以数据长度代码的数值没有任何意义，可以为 0~8 范围里的任何数值。当带有相同标识符的数据帧和远程帧同时发出时，数据帧将赢得仲裁，这是因为其紧随标识符的RTR位为显性。这样可使发送远程帧的节点立即收到所需数据。

（3）出错帧　出错帧是由检测到总线错误的任一节点产生的。出错帧由错误标志和错误界定符两个位场组成，如图7-15所示。

数据帧	错误标志叠加序列	错误界定符	帧间空间

图7-15　出错帧结构

1）错误标志。错误标志包括激活错误标志和认可错误标志两种。节点发送哪种类型的错误标志，取决于其所处的错误状态。

① 激活错误标志。当节点处于错误激活状态，检测到一个总线错误时，该节点将产生一个激活错误标志，中断当前的报文发送。激活错误标志由6个连续的显性位构成，这种位序违背了位填充规则，也破坏了应答场或帧结束的固定格式。所有其他节点会检测到错误条件并且开始发送错误标志。因此，这个显性位序列的形成就是各个节点发送的不同错误标志叠加在一起的结果。错误标志叠加序列的总长度最小为6位，最大为12位。

② 认可错误标志。当节点处于错误认可状态，检测到一个总线错误时，该节点将发送一个认可错误标志。认可错误标志包含6个连续的隐性位。由此可知，除非总线错误被正在发送报文的节点检测到，否则错误认可节点出错帧的发送将不会影响网络中任何其他节点。

2）错误界定符。错误界定符由8个隐性位构成。传送了错误标志以后，每个节点开始发送错误定界符，先是发送一个隐性位，并一直监视总线直到检测出一个隐性位，接着开始发送其余7个隐性位。

（4）超载帧

1）超载帧的产生。超载帧的产生可能有以下三种原因：

① 接收节点的内部原因，需要延迟下一个数据帧或远程帧。

② 在间歇的第1位和第2位检测到一个显性位。

③ 在错误界定符或过载界定符的第8位（最后一位）采样到一个显性位。

2）超载帧的结构。超载帧由超载标志和超载界定符两个位场组成，如图7-16所示。超载标志由6个显性位构成，这种位序违背了"间歇"的固定格式，其他节点检测到超载条件并发送超载标志，因此超载标志将会产生叠加。超载标志叠加序列的总长度最小为6位，最大为12位。超载界定符包含8个隐性位。超载帧与激活出错帧具有相同的格式，但超载帧只能在帧间空间产生，出错帧是在帧传输时发出的。节点最多可产生两条连续超载帧来延迟下一条报文的发送。

帧结束或超载界定符	超载标志叠加序列	超载界定符	帧间空间或数据帧

图7-16　超载帧结构

4. 帧间空间

帧间空间将前一帧与其后的数据帧或远程帧分离开来。对于错误激活节点，帧间空间由间歇和总线空闲两个位场组成，如图 7-17 所示。对于错误认可节点，帧间空间由间歇、延迟传送和总线空闲三个位场组成，如图 7-18 所示。

图 7-17　错误激活节点帧间空间结构

图 7-18　错误认可节点帧间空间结构

（1）间歇　间歇由 3 个隐性位组成。间歇期间，所有的节点均不允许传送数据帧或者远程帧，仅可以标识超载条件。

（2）总线空闲　总线空闲由任意长度的隐性位组成。在总线空闲期间，任何等待发送报文的节点都可以发送报文。

（3）延迟传送　延迟传送由 8 个隐性位组成。错误认可节点在发送报文之前发出 8 个隐性位跟随在间歇之后，延迟传送期间，若有其他节点发送报文，则该错误认可节点将变为接收节点。

5. CAN 总线的错误处理机制

为了增强可靠性，CAN 总线协议提供了完备的错误检测和故障界定机制。CAN 总线协议中定义了位错误、填充错误、CRC 错误、格式错误、应答错误五种错误类型，这五种错误不会相互排斥。

（1）错误界定　CAN 总线具有错误分析功能。每个 CAN 总线节点能够在三种错误状态，即错误激活状态、错误认可状态和总线关闭状态之一中工作。这些错误的区分取决于 CAN 控制器自带错误计数器（接收错误计数器、发送错误计数器）的值。

1）错误激活状态。如果两个错误计数器的值都在 0~127，则节点处于错误激活状态，一旦检测到错误，就会产生激活错误标志（6 个显性位）。错误激活节点可以正常参与总线通信。

2）错误认可状态。如果任何一个错误计数器的值在 128~255，则节点处于错误认可状态，一旦检测到错误，就会产生认可错误标志（6 个隐性位）。错误认可节点可以参与总线通信，只是在发送报文之前的帧间空间中有延迟传送时间段。

3）总线关闭状态。如果发送错误计数器的值高于 255，则节点处于总线关闭状态，在这种状态下，节点对总线没有影响。

CAN 总线节点在三种错误状态之间转变的过程如图 7-19 所示。

（2）错误界定规则　CAN 总线上单元的错误状态是依据错误计数器的数值而界定的，错误界定规则就是指错误计数器的计数规则。在给定报文发送期间，可应用不止一个规则，可简单归纳为以下四个规则。

1）当接收节点检测到一个错误时，接收错误计数器值增加。

2）当发送节点检测到一个错误时，发送错误计数器值增加。

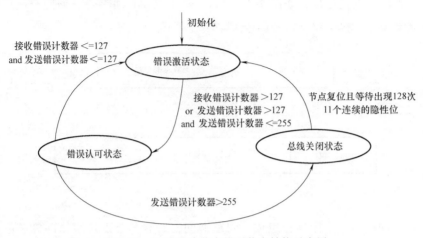

图 7-19 CAN 总线节点错误状态转换示意图

3）报文成功发送后，发送错误计数器值减少。

4）报文成功接收后，接收错误计数器值减少。

综上所述，CAN 总线具有极强的安全性，每一个节点均可采取措施以进行错误检测（监视、循环冗余检查、位填充、报文格式检查）、错误标定及错误自检。由此可以检测到全局错误、发送节点局部错误、报文中 5 个任意分布错误和长度低于 15 位的突发性错误，其遗漏错误的概率低于报文错误率 4.7×10^{-11}。同时，CAN 总线具有很好的错误界定能力，CAN 节点能够把永久故障和短暂扰动区分开来，永久故障的节点会被关闭。

7.2.3 DeviceNet 现场总线

DeviceNet 通信模型如图 7-20 所示，遵从 ISO/OSI 参考模型中的物理层、数据链路层和应用层规范。

DeviceNet 的物理层采用了 CAN 总线物理层信号的定义，增加了有关传输介质的规范。DeviceNet 的数据链路层沿用 CAN 总线协议规范，采用生产者/消费者通信模式，充分利用 CAN 的报文过滤技术，有效节省了节点资源。DeviceNet 的应用层定义了传输数据的语法和语义，是 DeviceNet 协议的核心技术。

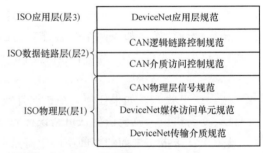

图 7-20 DeviceNet 通信模型

1. DeviceNet 的物理层

DeviceNet 的物理层包括物理层信号子层、媒体访问单元子层和传输介质子层。DeviceNet 采用 CAN 的物理层信号，即显性电平表示逻辑 0，隐性电平表示逻辑 1。下面分别对 DeviceNet 传输介质规范和媒体访问单元规范进行介绍。

（1）传输介质规范 DeviceNet 传输介质规范主要定义了 DeviceNet 的总线拓扑结构、传输介质的性能和连接器的电气及机械接口标准。

1）拓扑结构。DeviceNet 典型拓扑结构采用干线-分支线方式，如图 7-21 所示。

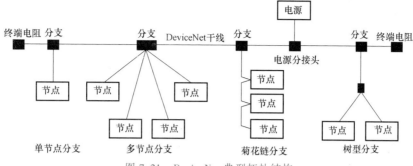

图 7-21　DeviceNet 典型拓扑结构

DeviceNet 支持单节点分支、多节点分支、菊花链分支和树型分支等多种分支结构。DeviceNet 要求在每条干线的末端采用 121Ω 的终端电阻，而分支线末端不可安装。DeviceNet 干线和分支线的长度主要由传输速率确定，具体关系见表 7-4。

表 7-4　传输速率与总线的干线、分支线长度的关系

传输速率/ （kbit/s）	干线长度/ m	分支线长度/m	
		最大值	累积值
125	500		156
250	250	6	78
500	100		39

2）传输介质。DeviceNet 的传输介质有粗缆和细缆两种主要的电缆。粗缆适合长距离干线和需要坚固干线和分支线的情况；细缆可提供方便的干线和分支线的布线。

3）连接器。DeviceNet 定义了 5 针连接器标准，即一对信号线、一对电源线和一根屏蔽线。DeviceNet 电缆如图 7-22 所示。DeviceNet 连接器及电缆的颜色规范见表 7-5。

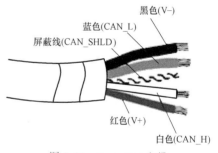

图 7-22　DeviceNet 电缆

表 7-5　DeviceNet 连接器及电缆的颜色规范

引　　脚	信　　号	颜　　色	功　　能
1	V−	黑色	DC 0V
2	CAN_L	蓝色	信号−
3	CAN_SHLD		屏蔽线
4	CAN_H	白色	信号+
5	V+	红色	DC 24V

连接器分为封闭式连接器和开放式连接器，DeviceNet 电缆与开放式连接器如图 7-23 所示。

4）电源分接头。通过电源分接头将电源连接到 DeviceNet 干线。电源分接头中包含熔

丝或断路器，以防止总线过电流损坏电缆
和连接器。电源分接头可加在干线的任何
一点，可以实现多电源的冗余供电。

5）接地。为防止接地回路，Device-
Net 网络必须一点接地。单接地点应位于
电源分接头处，接地点应靠近网络的物理
中心。

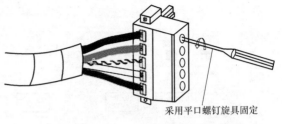

图 7-23　DeviceNet 电缆与开放式连接器

（2）媒体访问单元规范　DeviceNet 媒体访问单元结构如图 7-24 所示，主要包括 CAN 收发器、连接器、误接线保护（Mis-Wiring Protection，MWP）、稳压器和光隔离器。

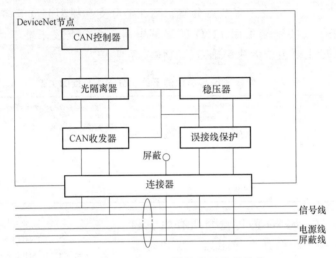

图 7-24　DeviceNet 媒体访问单元结构

1）CAN 收发器。CAN 收发器是在网络上传送和接收 CAN 信号的物理器件。PCA82C250 是使用广泛的收发器之一，也可以选择其他符合 DeviceNet 规范的收发器。

2）误接线保护与稳压器。DeviceNet 要求节点能承受连接器上 5 根线的各种组合的接线错误。DeviceNet 规范给出了一种外部保护回路，如图 7-25 所示。

肖特基二极管 1N5819 可以防止 V+信号线误接到 V−端子。晶体管 2N3906 作为开关防止由于 V−连接断开而造成的损害。R_2 用于限制 V+和 V−颠倒时的击穿电流。

稳压器可以将 11~24V 电源电压稳定到 5V 电压供 CAN 收发器使用。

3）光隔离器。DeviceNet 网络要求单点接地，为了实现电源之外节点的 V−和地之间没

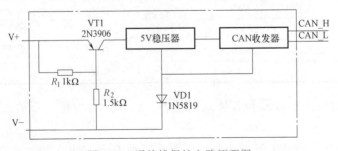

图 7-25　误接线保护电路原理图

有电流通过，任何节点都要求在物理接口处实现对地隔离。

2. DeviceNet 的数据链路层

DeviceNet 的数据链路层遵循 CAN 总线协议规范，并通过 CAN 总线控制器芯片实现。DeviceNet 与 CAN 总线数据链路层协议有以下几点不同之处。

1）CAN 总线定义了数据帧、远程帧、出错帧和超载帧。DeviceNet 使用数据帧，不使用远程帧，出错帧和超载帧由 CAN 控制器实现，DeviceNet 规范不做定义。

2）CAN 总线数据帧分为标准帧和扩展帧两类，DeviceNet 只使用标准帧，其中 CAN 的 11 位标识符在 DeviceNet 中被称为连接 ID（Connection ID，CID）。

3）DeviceNet 将 CAN 总线的 11 位标识符（CID）分成了 4 个单独的报文组，由于 CAN 总线具有非破坏性总线仲裁机制，所以 DeviceNet 的 4 个报文组具有不同的优先级。

4）CAN 总线控制器工作不正常时，通过故障诊断可以使错误节点处于总线关闭状态，而 DeviceNet 节点若不符合 DeviceNet 规范则转为脱离总线状态，脱离总线节点虽然不参与 DeviceNet 通信，但 CAN 控制器工作正常。

3. DeviceNet 的应用层

DeviceNet 的应用层规范详细定义了有关连接、报文传送和数据分割等方面的内容。

（1）DeviceNet 的连接和报文组　DeviceNet 是基于"连接"的网络，网络上的任意两个节点在开始通信之前必须事先建立连接，这种连接是逻辑上的关系，并不是物理上实际存在的。在 DeviceNet 中通过一系列的参数和属性对连接进行描述，如连接标识符、连接报文的类型、数据长度、路径信息的产生方式、报文传送频率和连接的状态等。DeviceNet 不仅允许预先设置或取消连接，也允许动态建立或撤销连接，这使通信具有更大的灵活性。

在 DeviceNet 中，每个连接由一个连接标识符来标识，该连接标识符由报文标识符（Message ID）和介质访问控制标识符（Media Access Identifier，MAC ID）组成。DeviceNet 用连接标识符将优先级不同的报文分为 4 组。连接标识符属于组 1 的报文优先级最高，通常用于发送设备的 I/O 报文；连接标识符属于组 4 的报文优先级最低，用于设备离线时的通信。DeviceNet 的报文分组见表 7-6。

表 7-6　DeviceNet 的报文分组

标识符各位的含义											范　围	用　途
0												
		组 1 报文标识			源 MAC ID 标识符						000~3FFH	报文组 1
		MAC ID 标识符					组 2 报文标识				400~5FFH	报文组 2
		组 3 报文标识			源 MAC ID 标识符						600~7BFH	报文组 3
							组 4 报文标识				7C0~7EFH	报文组 4
											7F0~7FFH	无效标识

报文 ID 用于识别同一节点内某个信息组中的不同信息。节点可以利用报文 ID 的不同在一个报文组中建立多重连接。报文 ID 的位数对不同的报文组是不一样的，组 1 为 4 位，组 2 为 3 位，组 3 为 3 位，组 4 为 6 位。

MAC ID 为 DeviceNet 上的每一个节点分配一个 0~63 的整数值，通常用设备上的拨码开关设定。MAC ID 有源和目的之分，源 MAC ID 分配给发送节点，报文组 1 和组 3 需要在连接标识区内指定源 MAC ID；目的 MAC ID 分配给接收节点，报文组 2 允许在连接标识区内指定源或目的 MAC ID。

在所有的报文中有一些报文是预留的，不能做其他用途，具体如下所述。

1）组 2 报文 ID6 用于预定义主/从连接。

2）组 2 报文 ID7 用于重复 MAC ID 检测。

3）组 3 信息 ID5 用于未连接显示响应。

4）组 3 信息 ID6 用于未连接显示请求。

（2）DeviceNet 的报文 DeviceNet 定义了 I/O 报文和显示报文两种报文。

1）I/O 报文。I/O 报文适用于实时性要求较高和面向控制的数据，它提供了在报文发送过程和多个报文接收过程之间的专用通信路径。I/O 报文对传送的可靠性、送达时间的确定性及可重复性有很高的要求。I/O 报文的格式如图 7-26 所示。

CAN帧头	I/O数据(0~8字节)	CAN帧尾

图 7-26 I/O 报文的格式

I/O 报文通常使用优先级高的连接标识符，通过一点或多点连接进行信息交换。I/O 报文数据帧中的数据场不包含任何与协议相关的位，仅是实时的 I/O 数据。连接标识符提供了 I/O 报文的相关信息，在 I/O 报文利用连接标识符发送之前，报文的发送和接收设备都必须先行设定，设定的内容包括源和目的对象的属性以及数据生产者和消费者的地址。只有当 I/O 报文长度大于 8 字节，需要分段形成 I/O 报文片段时，数据场中才有 1 字节供报文分段协议使用。I/O 报文分段格式见表 7-7。

分段类型表明是首段、中间段还是最后段；分段计数器用来标志每一个单独的分段，每经过一个相邻连续分段，分段计数器加 1，当计数器值达到 64 时，又从 0 值开始。

表 7-7 I/O 报文分段格式

偏移地址	位							
	7	6	5	4	3	2	1	0
0	分段类型		分段计数器					
1~7			I/O 报文分段					

2）显示报文。显示报文适用于设备间多用途的点对点报文传送，是典型的请求/响应通信方式，常用于上传/下载程序、修改设备参数、记载数据日志和设备诊断等。显示报文结构十分灵活，数据域中带有通信网络所需的协议信息和要求操作服务的指令。显示报文利用 CAN 的数据区来传递定义的报文，显示报文的格式如图 7-27 所示。

CAN帧头	协议域与数据域(0~8字节)	CAN帧尾

图 7-27 显示报文的格式

含有完整显示报文的传送数据区包括报文头和完整的报文体两部分，如果显示报文长度大于 8 字节，则必须采用分段方式传输。

① 报文头。显示报文的 CAN 数据区的 0 号字节指定报文头，其格式见表 7-8。

表 7-8　显示报文报文头格式

偏移地址	位							
	7	6	5	4	3	2	1	0
0	Frag	XID	MAC ID					

分段位（Frag）指示此传输是否为显示报文的一个分段；事物处理 ID（XID）表明该区应用程序用以匹配响应和相关请求；MAC ID 包含源 MAC ID 或目的 MAC ID，如果在连接标识符中指定目的 MAC ID，那么必须在报文头中指定其他端点的源 MAC ID；如果在连接标识符中指定源 MAC ID，那么必须在报文头中指定其他端点的目的 MAC ID。

② 报文体。报文体包括服务区和服务特定变量，报文体格式见表 7-9。

表 7-9　显示报文报文体格式

偏移地址	位							
	7	6	5	4	3	2	1	0
1	R/R	服务代码						
2~7	服务特定变量							

请求/响应位（R/R）用于指定显示报文是请求报文还是响应报文；服务代码表示传送服务的类型；服务特定变量包含请求的信息体格式、报文组选择、源报文 ID、目的报文 ID、连接实例 ID 和错误代码等。

③ 分段协议。如果显示报文长度大于 8 字节，就需要采用分段协议。显示报文的分段协议格式见表 7-10。

表 7-10　显示报文的分段协议格式

偏移地址	位							
	7	6	5	4	3	2	1	0
0	Frag(1)	XID	MAC ID					
1	分段类型		分段计数器					
2~7	显示报文分段							

分段位（Frag）为 1 表示是显示报文的一个分段；显示报文与 I/O 报文分段协议格式完全相同；分段协议在显示报文内的位置与在 I/O 报文内的位置是不同的，显示报文位于 1 字节，I/O 报文位于 0 字节。

4. DeviceNet 设备描述

为实现不同制造商生产的设备的互换性和互操作性，DeviceNet 对直接连接到网络上的每类设备都定义了设备描述。设备描述是从网络角度对设备内部结构的说明。凡是符合同一设备描述的设备均具有同样的功能，生产或消费同样的 I/O 数据，包含相同的可配置数据。设备描述说明设备使用哪些 DeviceNet 对象库中的对象、哪些制造商特定的对象以及关于设备特性的信息。设备描述的另一个要素是对设备在网络上交换的 I/O 数据的说明，包括 I/O 数据的格式及其在设备内所代表的意义。除此之外，设备描述还包括可配置参数的定义和访问这些参数的公共接口。

DeviceNet 通过由 ODVA 成员参加的特别兴趣小组 SIG 发展它的设备描述。目前已完成了诸如交流驱动器、直流驱动器、接触器、通用离散 I/O、通用模拟 I/O、HMI（人机接口）、接近开关、限位开关、软启动器、位置控制器及流量计等类型的设备描述。

（1）DeviceNet 设备的对象模型　DeviceNet 采用了面向对象的现代通信技术理念，设备的对象模型是 DeviceNet 在 CAN 技术基础上添加的特色技术。DeviceNet 设备的对象模型提供了组成和实现其产品功能的属性、服务和行为，可以通过面向对象编程语言中的类直接实现。DeviceNet 设备采用抽象的对象模型进行描述，DeviceNet 设备的对象模型都可以看作对象的集合。典型的 DeviceNet 设备的对象模型如图 7-28 所示。

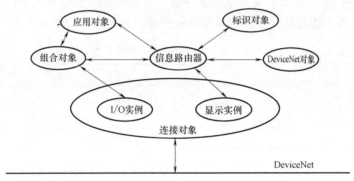

图 7-28　典型的 DeviceNet 设备的对象模型

DeviceNet 设备包含的对象大体分为通信对象和应用对象两类。通信对象是指与本节点通信相关的对象，而应用对象是与该设备的具体应用相关的对象。

通信对象包括标识对象（Identity Object）、DeviceNet 对象（DeviceNet Object）、信息路由器对象（Message Router Object）和连接对象（Connection Object）。这几个对象是每一个DeviceNet 设备必须具有的对象。应用对象包括应用程序特有对象，如离散输入对象（Discrete Input Point Object）；还包括应用程序通用对象，如参数对象（Parameter Object）和组合对象（Assembly Object）。

（2）DeviceNet 设备的对象描述

1）标识对象。标识对象提供设备的标识和一般信息。所有的 DeviceNet 设备都必须有标识对象，它包含供应商 ID、设备类型、产品代码、版本、状态、序列号、产品名称和相关说明等属性。标识对象的对象标识符为 01H。

2）信息路由器对象。信息路由器对象用于向节点内的其他对象传送显示信息报文。信息路由器接收显示信息请求，将服务请求发送到报文中指定的对象，将指定对象返回响应应发送到显示信息连接。信息路由器对象的对象标识符为 02H。

3）DeviceNet 对象。DeviceNet 对象提供了设备物理连接的配置及状态，包含节点地址、MAC ID、传输速率等属性。一个 DeviceNet 设备至少要包含一个 DeviceNet 对象。DeviceNet对象的对象标识符为 03H。

4）组合对象。组合对象可以组合多个应用对象的属性，如将多个离散输入对象中的属性值组合成一个组合对象实例中的属性值，这样来自不同离散输入对象的多个属性数据组合成一个能够随单个报文传送的属性。组合对象的对象标识符为 04H。

5）连接对象。DeviceNet 设备至少包括两个连接对象，每个连接对象代表 DeviceNet 网络上节点间虚拟连接的一个端点。连接对象所具有的两种连接类型为显示报文连接和 I/O 报文连接。连接对象的对象标识符为 05H。

6）参数对象。可设置参数的 DeviceNet 设备都要用到参数对象。参数对象带有设备的配置参数，提供访问参数的接口。参数对象的属性可以包括数值、量程、文本和相关限制。参数对象的对象标识符为 0FH。

7）应用对象。应用对象泛指描述特定行为和功能的一组对象，如离散输入输出对象、模拟量输入输出对象等。具体的 DeviceNet 设备包含的应用对象是可选的，至少包含一个应用对象，应用对象与设备功能是相关的。DeviceNet 规范中给出了 40 多个应用对象类的说明，并且随着技术的发展还在不断增多。

5. DeviceNet 设备组态的数据源

在定义了对象描述以后，还必须制定 DeviceNet 设备组态的数据源。在通过网络进行设备组态时，可以提供一个或多个组态数据源，这些数据源包括打印的数据表格、电子数据文档（EDS）、参数对象和参数对象存根。

电子数据文档是比较常用的组态数据源，对设备的组态可以用支持 EDS 的组态工具实现。电子数据文档的语法及格式都有严格的定义，如果只是 DeviceNet 设备的使用者，则无须了解电子数据文档编写方法；如果是 DeviceNet 设备的开发者，可以查阅相关规范或者在类似 DeviceNet 设备电子数据文档的基础上进行修改。

习　题

1. RS-485 接口的特点有哪些？
2. 简要叙述以太网与 OSI 参考模型的对照关系。
3. 试比较 RS-485 和 RS-232 的主要技术参数。
4. 工业机器人通信网络常用的传输介质有哪些？
5. CAN 总线的主要特点有哪些？
6. DeviceNet 的特性有哪些？
7. CAN 总线的标称位时间可划分为哪几个不重叠的时间段？
8. CAN 通信协议约定了哪四种不同的报文格式？
9. CAN 的数据帧由哪七个不同的位场组成？
10. CAN 的远程帧与数据帧有哪些不同？
11. 简要介绍 DeviceNet 的通信模型。

第 **8** 章

工业机器人编程

工业机器人编程方式主要经历三个阶段，即示教再现编程阶段、离线编程阶段和自主编程阶段。由于国内机器人起步较晚，目前生产中应用的机器人系统大多处于示教再现编程阶段。对于各种实用型工业机器人来说，示教再现编程既是其技术的核心所在，也是其功能实现的必由之路。离线编程较示教再现编程有诸多优点，但该技术对设备自身以及操作者的知识技能要求较高，所以还没有得到广泛应用。

8.1 工业机器人编程的概念及特点

8.1.1 示教再现编程的概念及其特点

"示教"就是机器人学习的过程，机器人代替人进行作业的过程中必须预先对机器人发出指示，操作者要手把手教会机器人做某些动作，规定机器人应该完成的动作和作业的具体内容，同时机器人控制装置会自动将这些指令存储下来，这个过程就称为对机器人的"示教"。机器人按照示教时记忆下来的程序展现这些动作，就是"再现"过程。"再现"则是通过存储内容的回放，使机器人在一定精度范围内按照程序展现示教的动作和作业内容。

常见的示教再现编程方式为在线示教，如图 8-1 所示。在线示教又分为直接示教和示教盒示教，如图 8-2 所示。直接示教又称人工牵引示教，是由操作者直接牵引装有力-力矩传感器的机器人末端执行器对工件实施作业，机器人实时记录整个示教轨迹与工艺参数，然后根据所记录的信息就能准确再现整个作业过程。示教再现编程，即操作人员通过示教器，手动控制机

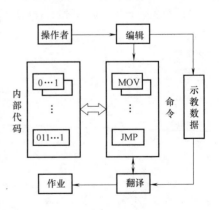

图 8-1　示教再现机器人控制方式

器人的关节运动，以使机器人运动到预定的位置，同时将该位置进行记录，并传递到机器人控制器中，之后的机器人可根据指令自动重复该任务，操作人员也可以选择不同的坐标系对机器人进行示教。

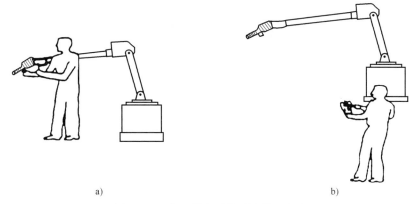

a)　　　　　　　　　　　　　　　　　　　b)

图 8-2　工业机器人示教再现编程方法

a）直接示教　b）示教盒示教

目前，大部分机器人应用仍采用示教再现编程方式，并且主要集中在搬运、码垛、焊接等领域，特点是轨迹简单，手工示教时，记录的点不太多。示教再现编程有以下优缺点：

优点：

1）只需要简单的装置和控制设备即可进行。

2）操作简便，易于掌握。

3）示教再现过程很快，示教后马上可以应用。

4）实际的机器人进行示教时，可以修正机械结构带来的误差。

缺点：

1）编程占用机器人作业时间。

2）精度完全靠示教者的目测决定，很难规划复杂的运动轨迹以及准确的直线运动。

3）示教轨迹的重复性差。

4）无法接收传感信息。

5）难以与其他操作或其他机器人操作同步。

8.1.2　离线编程的概念及其特点

离线编程程序通过支持软件的解释或编译产生目标程序代码，最后生成机器人路径规划数据并传送到机器人控制柜，以控制机器人运动，完成给定任务。一些离线编程系统带有仿真功能，通过对编程结果进行三维图形动画仿真，可以检验编程的正确性，解决编程时障碍干涉和路径优化问题。离线编程方法和数控机床中编写数控加工程序非常相似，离线编程有待发展为自动编程。

与示教再现编程相比，机器人离线编程有很多优点，示教再现编程与离线编程的比较见表 8-1。

表 8-1　示教再现编程与离线编程的比较

示教再现编程	离线编程
需要实际机器人系统和工作环境	不需要实际机器人,只需要机器人系统和工作环境的图形模型
编程时机器人停止工作	编程时不影响机器人正常工作
在机器人系统上试验程序	通过仿真软件试验程序,可预先优化操作方案和运行周期
示教精度取决于编程者的经验	可用 CAD 方法进行最佳轨迹规划
难以实现复杂的机器人运行轨迹	可实现复杂运行轨迹的编程

除此之外,离线编程还具有以下优点:

1) 以前完成的过程或子程序可结合到待编的程序中,对于不同的工作目的,只需要替换一部分待定的程序。

2) 可用传感器探测外部信息,实现基于传感器的自动规划功能。

3) 程序易于修改,适合中、小批量的生产要求。

4) 能够实现多台机器人和外围辅助设备的示教和协调。

8.2　工业机器人的示教器

8.2.1　工业机器人示教的硬件环境

ABB 机器人系统采用 IRC5 系统,其关系图如图 8-3 所示,包括主电源、计算机供电单元、计算机控制模块(计算机主体)、输入/输出板、Customer connections(用户连接端口)、FlexPendant 接口(示教盒接线端)、轴计算机板、驱动单元(机器人本体、外部轴)。

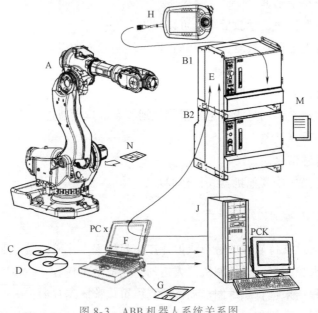

图 8-3　ABB 机器人系统关系图

图 8-3 中各部分的介绍如下:

A—操纵器。

B1—IRC5 Control Module,包含机器人系统的控制电子装置。

B2—IRC5 Drive Module，包含机器人系统的电源电子装置。

C—RobotWare 光盘，包含所有的机器人软件。

D—说明文档光盘。

E—由机器人控制器运行的机器人系统软件。

F—RobotStudio Online 计算机软件，安装于 PCx 上。

G—带 Absolute Accuracy 选项的系统专用校准数据磁盘。不带此选项的系统所用的校准数据通常由串行测量电路板（SMB）提供。

H—与控制器连接的 FlexPendant。

J—网络服务器（不随产品提供）。

PCK—服务器。其用途有：①使用计算机和 RobotStudio Online 可手动存取所有的 RobotWare 软件；②手动存储通过便携式计算机创建的全部配置系统文件；③手动存储由便携式计算机和 RobotStudio Online 安装的所有机器人说明文档。在此情况下，服务器可视为由便携式计算机使用的存储单元。

M—RobotWare 许可密钥。

N—处理分解器数据和存储校准数据的串行测量电路板（SMB）。

机器人主要的操作界面位于机器人控制器上，图 8-4 所示为 ABB 工业机器人的控制面板布局。图 8-4 中各部分功能介绍如下：

1—机器人电源开关，用来闭合或切断控制柜总电源。

2—急停按钮，用于紧急情况下的停止。

3—电动机运行按钮，用于激活电动机，在自动运行之前必须使用。

4—工作模式开关，分为自动、手动、手动 100% 三档模式。

5—示教器接口。

6—USB 接口，可以用来插 U 盘备份。

7—RJ45 以太网接口。

其他公司的工业机器人系统基本与 IRC5 系统类似，如国产的华数工业机器人系统，其连接示意图如图 8-5 所示。

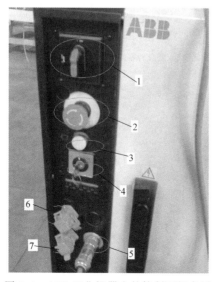

图 8-4　ABB 工业机器人的控制面板布局

图 8-5　华数工业机器人系统连接示意图

8.2.2　机器人的示教器及其操作

　　机器人主要的调整工作都需要使用示教器（TP）完成。示教器平时不用时放置在控制柜上端。示教器的屏幕是触摸屏，另外也有一些其他按钮。

　　ABB 机器人所配的 FlexPendant 是一种手持式操作员装置，用于执行与操作机器人系统的许多任务，如运行程序、使操纵器微动、修改机器人程序等。FlexPendant 由硬件和软件组成，其本身就是一成套完整的计算机。FlexPendant 是 IRC5 的一个组成部分，通过集成电缆和连接器与控制器连接。ABB 机器人的电气控制柜上的"hot plug"按钮，可使机器人在自动模式下无须连接 FlexPendant 仍可继续运行。ABB 机器人 FlexPendant 的主要组成部分如图 8-6 所示。

　　FlexPendant 的功能按钮及详细说明如图 8-7 所示，而其触摸屏的操作界面如图 8-8 所示。

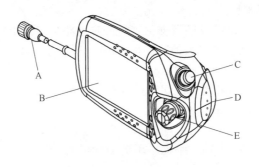

图 8-6　ABB 机器人 FlexPendant 的主要组成部分

A—连接器　B—触摸屏　C—紧急停止按钮　D—使动装置　E—控制杆

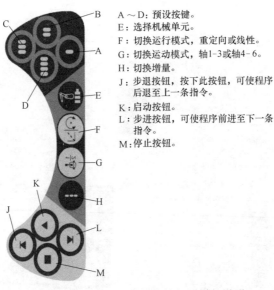

A ～ D：预设按键。
E：选择机械单元。
F：切换运行模式，重定向或线性。
G：切换运动模式，轴1-3或轴4-6。
H：切换增量。
J：步退按钮，按下此按钮，可使程序后退至上一条指令。
K：启动按钮。
L：步进按钮，可使程序前进至下一条指令。
M：停止按钮。

图 8-7　FlexPendant 的功能按钮及详细说明

A：ABB菜单
B：操作员窗口
C：状态栏
D：关闭按钮
E：任务栏
F：快速设置菜单

图 8-8　FlexPendant 触摸屏的操作界面

华数机器人示教器 HSPad 正面如图 8-9 所示，图中标号说明见表 8-2。示教器由开关、按键和显示屏等组成。

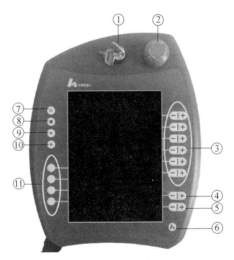

图 8-9　华数机器人示教器 HSPad 正面示意图

表 8-2　图 8-9 中的标号说明

标号	说　　明
1	用于调出连接控制器的钥匙开关。只有插入了钥匙后,状态才可以被转换。可以通过连接控制器切换运行模式
2	紧急停止键。用于在危险情况下使机器人停机
3	运行键。用于手动移动机器人
4	用于设定程序调节量的按键。自动运行倍率调节
5	用于设定手动调节量的按键。手动运行倍率调节
6	菜单键。可进行菜单和文件导航器之间的切换
7	暂停键。运行程序时,暂停运行
8	停止键。用停止键可停止正在运行的程序
9	预留键
10	开始运行键。在加载程序成功时,单击该键后开始运行
11	工艺包键

8.3 机械手的坐标系

1. 基坐标系

基坐标系（图8-10）在机器人机座中有相应的零点，这使固定安装的机器人的移动具有可预测性。因此，基坐标系对于将机器人从一个位置移动到另一个位置很有帮助。对机器人编程来说，如工件坐标系等其他坐标系通常是最佳选择。

在正常配置的机器人系统中，当你站在机器人的前方并在基坐标系中微动控制，将控制杆拉向自己一方时，机器人将沿 X 轴移动；向两侧移动控制杆时，机器人将沿 Y 轴移动；扭动控制杆时，机器人将沿 Z 轴移动。

2. 大地坐标系

大地坐标系（图8-11）在工作单元或工作站中的固定位置有其相应的零点，这有助于处理若干个机器人或由外轴移动的机器人。在默认情况下，大地坐标系与基坐标系是一致的。

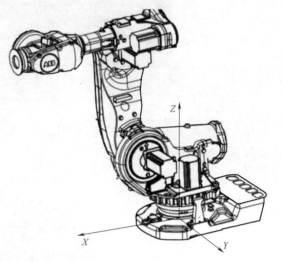

图 8-10　基坐标系

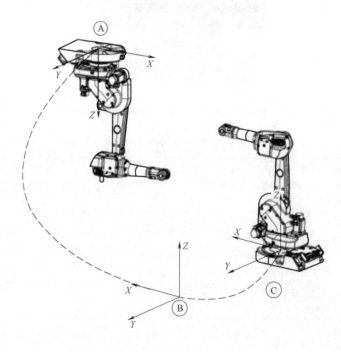

图 8-11　大地坐标系

A—机器人 1 基坐标系　B—大地坐标系　C—机器人 2 基坐标系

3. 工件坐标系

工件坐标系（图 8-12）对应工件：它定义工件相对于大地坐标系（或其他坐标系）的位置。工件坐标系必须定义于两个框架：用户框架（与大地基座相关）和工件框架（与用户框架相关）。机器人可以拥有若干个工件坐标系，或者表示不同工件，或者表示同一工件在不同位置的若干副本。

对机器人进行编程就是在工件坐标系中创建目标和路径，这使得重新定位工作站中的工件时，只需更改工件坐标系的位置，所有路径将即刻随之更新。

4. 位移坐标系

有时会在若干位置对同一对象或若干相邻工件执行同一路径。为了避免每次都必须为所有位置编程，可以定义一个位移坐标系，如图 8-13 所示。位移坐标系是基于工件坐标系而定义的。

5. 工具坐标系

工具坐标系（图 8-14）将工具中心点设为零点，由此可以定义工具的位置和方向。工具坐标系经常被缩写为 TCPF（Tool Center Point Frame），而工具坐标系中心点被缩写为 TCP（Tool Center Point）。执行程序时，机器人就是将 TCP 移至编程位置。这意味着，如果要更改工具（以及工具坐标系），机器人的移动将随之更改，以便新的 TCP 到达目标。

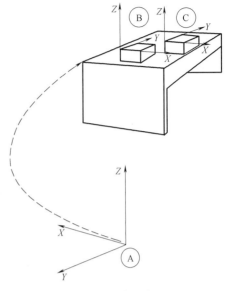

图 8-12　工件坐标系

A—大地坐标系　B—工件坐标系 1　C—工件坐标系 2

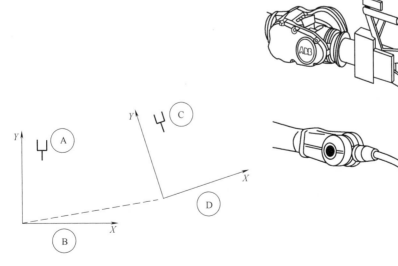

图 8-13　位移坐标系

A—原始位置　B—工件坐标系
C—新位置　D—位移坐标系

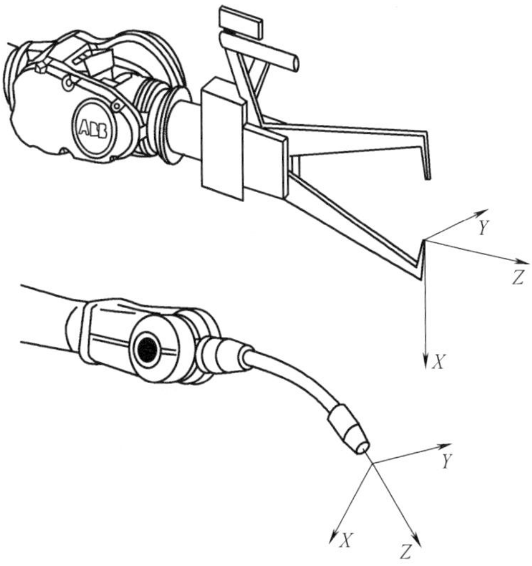

图 8-14　工具坐标系

所有机器人在手腕处都有一个预定义工具坐标系，该坐标系被称为 tool0。这样就能将一个或多个新工具坐标系定义为 tool0 的偏移值。

6. 用户坐标系

用户坐标系（图 8-15）可用于表示固定装置、工作台等设备。这就在相关坐标系链中提供了一个额外级别，有助于处理持有工件或其他坐标系的处理设备。

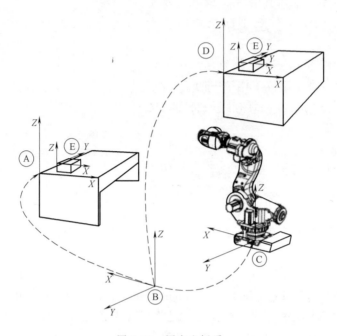

图 8-15　用户坐标系

A—用户坐标系　B—大地坐标系　C—基坐标系　D—移动用户坐标系　E—工件坐标系（与用户坐标系一起移动）

8.4　工业机器人示教的主要内容

工业机器人示教的内容主要由三部分组成，一是机器人运动轨迹的示教，二是机器人作业条件的示教，三是机器人作业顺序的示教。

8.4.1　运动轨迹的示教

机器人运动轨迹的示教主要是为了完成某一作业，工具中心点（TCP）所掠过的路径，包括运动路径和运动速度的示教，它是机器人示教的重点内容。机器人运动轨迹的控制方式有点位控制（PTP）和连续轨迹控制（CP）两种，PTP 控制方式只需要示教各段运动轨迹的端点，而两端点之间的运动轨迹（CP）由规划部分插补运算产生；CP 控制方式实际上是在 PTP 控制方式中尽量将插补点间隔取得很小，使得这些插补点之间的连线近似于一条连续直线。无论哪种控制方式，都是以动作顺序为中心，通过使用示教这一功能，省略了作业环境内容和位置姿态的计算。

对于有规律的轨迹，仅需示教几个特征点，计算机就能利用插补算法获得中间点的坐标，如直线只需要示教两点，圆弧只需要示教三点。例如，当示教如图 8-16a 所示的直线运动轨迹时，弧焊机器人仅需示教两个属性点，即机器人按照程序点 P2 输入的插补方式和移动速度从 P1 点移动到 P2 点，然后在 P2 点和 P3 点之间按照 P3 点的插补方式和移动速度从 P2 点移动到 P3 点，以此类推，最终到达 P4 点。如图 8-16b 所示的运动轨迹示教方法与图 8-16a 相同，只是弧焊机器人在实现圆弧轨迹焊缝的焊接时，通常需要三个以上的属性点。

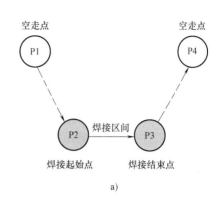

由此可见，机器人运动轨迹的示教主要是确认程序点的属性，每个程序点的属性主要包含以下四个信息。

1. 位置坐标

通过变换机器人的基坐标、关节坐标、工具坐标等使工具中心点到达指定位置，当使用的坐标系不同时，工具中心点位置坐标的表达方式也不同。例如，六轴机器人在基坐标系下记录某个程序点的位置时，该点的坐标用 (X, Y, Z, A, B, C) 来表示，其中，X、Y、Z 表示机器人的位置，A、B、C 表示机器人的姿态；如果在关节坐标系下记录，该点的坐标则由各个轴的角度 $(J1, J2, J3, J4, J5, J6)$ 来表示。

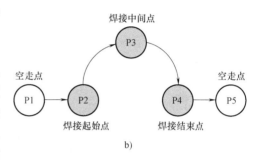

图 8-16 工业机器人运动轨迹示意图
a）直线运动轨迹 b）圆弧运动轨迹

2. 插补方式

插补方式是指机器人再现时，从前一程序点到达指定点程序的运动类型。机器人常见的插补方式有三种：关节插补（J）、直线插补（L）和圆弧插补（C）。

3. 空走点/作业点

机器人再现时，若从当前程序点到下一程序点不需要实施作业，则当前点就称为空走点，反之为作业点。作业开始点和结束点一般都需要输入相应的命令。例如，ABB 工业机器人的焊接作业开始命令为 ArcLStart 或 ArcCStart，焊接作业结束命令为 ArcLEnd 或 ArcCEnd；而华中数控工业机器人的焊接作业开始命令为 ARC_START，焊接作业结束命令为 ARC_END。

4. 进给速度

进给速度是指机械人运动的速度。在作业再现时，进给速度可以通过倍率进行修调，进给速度的单位取决于动作指令的类型。

8.4.2　作业条件的示教

作业条件是根据机器人作业内容的不同而变化的，为了获得较好的产品质量和作业效果，在机器人再现之前，有必要合理设置其作业的工艺参数。例如，点焊作业时的电流、电压、时间和焊钳类型等；弧焊作业时的电流、电压、速度和保护气流量等；喷涂作业时的喷涂液流量、旋杯转速、成型空气（扇幅）和高电压等。工业机器人常用的作业条件输入法主要有以下三种。

1. 使用作业条件文件

根据工业机器人应用领域的不同，各种专业机器人会安装不同的作业软件包，每个软件包会包含针对作业内容的不同作业条件文件。例如，机器人弧焊作业时，通常包含引弧条件文件、熄弧条件文件和焊接辅助条件文件，每种文件的调用会以编号形式指定，可使作业命令的应用更为简便。

2. 在作业指令中直接设定

作业指令中通常会显示部分作业条件，华数 HSR-6 型工业机器人的运动指令：

J P［1］100% FINE；

动作类型	位置数据	运动速度	终止类型
关节定位 J	P［i］	1%~100%	FINE 精确停止
直线运动 L	i：0~99		CNT 圆弧过渡
圆弧运动 C			

另外，华数 HSR-BR6 型工业机器人运动指令 MOVE 举例：

Move ROBOT# ｛600，100，0，0，180，0｝ Absolute = 1 VelocityCruise = 100

该指令为：使用绝对值编程方式（Absolute = 1），控制对象为 ROBOT 组，并且设定了 RO-BOT 的运行速度为100(°)/s，其目标位置为笛卡儿坐标下的#｛600，100，0，0，180，0｝。

3. 手动设定

在某些作业场合中，一些作业参数需要手动进行设定，如弧焊作业时保护气流量。

8.4.3 作业顺序的示数

合理的作业顺序不仅可以保证产品质量，而且可以有效提高工作效率。工业机器人作业顺序的示教就是解决机器人以什么样的顺序运动，以什么样的顺序与周边装置同步的问题。

1. 作业对象的工艺顺序

对于简单作业场合，作业顺序的设定跟运动轨迹点一致；对于复杂作业场合，作业顺序的设定涉及机器人运动轨迹合理规划问题，在此不做详细分析。

2. 机器人与外围设备的动作顺序

在完整的机器人系统中，除机器人本体外，还包括一些外围设备，如焊机、变位机、移动滑台等。机器人要完成期望的动作，必须依赖控制系统与外围设备的有效配合，以减少停机时间，提高工作效率、安全性和作业质量。

8.5 工业机器人的手动操作

ABB 工业机器人手动操作的运动共有三种模式：单轴运动、线性运动和重定位运动。下面介绍如何手动操作机器人进行上述的三种运动，设置界面如图 8-17 所示。

8.5.1 三个重要数据的设定

在机器人系统安装过程中应设置基坐标系和大地坐标系，同时要确保附加轴已设置。在

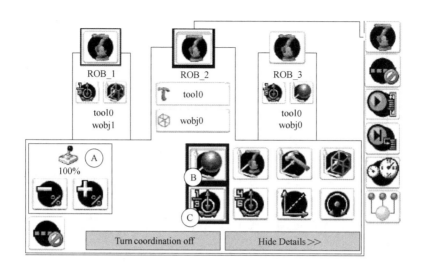

图 8-17　坐标系以及运动模式

A—超驰微动控制速度设置（当前选定 100%）　B—坐标系设置（当前选定
大地坐标）　C—运动模式设置（当前选定轴 1-3 运动模式）

开始编程前，应根据需要定义工具坐标系和工件坐标系，当需要添加更多对象时，同样需要定义其他相应坐标系。

（1）工件坐标系的建立　建立工件坐标系的方法：主菜单→手动操纵→工件坐标系（Wobjdata）→新建→名称→定义工件坐标系。

定义工件坐标系有以下两种方法：

1）直接输入新的坐标值，即 x、y、z 值。

2）示教法。编辑→定义→第一点→第二、三点（要求三点不在同一条直线即可）。

（2）工具坐标系的建立　建立工具坐标系的方法：主菜单→手动操纵→工具坐标系（Tooldata）→新建→名称→定义工具坐标系。

定义工具坐标系有以下两种方法：

1）直接输入新的坐标值，即 x、y、z 值，同时要输入或自行测量焊枪中心和转动惯量。

2）示教法。编辑→定义→焊丝对准尖状工件顶尖→更换位置（共 4 次）→变换焊枪姿态（共 4 次）→确定。这种方法又称 4 点定位法，也要输入或自行测量焊枪中心和转动惯量。

在选择了坐标系和运动模式的前提下，按住使能键通过操纵杆进行操作，每次选择只能针对三个方向。

（3）有效载荷的建立　建立有效载荷的方法：主菜单→手动操纵→有效载荷（Loaddata）→新建→名称→定义有效载荷。

8.5.2　机械手手动操作的三种模式

1. 单轴运动

一般地，ABB 机器人是由六个伺服电动机分别驱动机器人的六个关节轴，如图 8-18 所示，那么每次手动操纵一个关节轴的运动，就称之为单轴运动。

174

2. 线性运动

线性运动是指安装在机器人第六轴法兰盘上工具的 TCP 在空间中做线性运动。其特点是焊枪（或工件）姿态保持不变，只是位置改变。

3. 重定位运动

重定位运动是指安装在机器人第六轴法兰盘上工具的 TCP 在空间中绕坐标轴旋转的运动，也可以理解为机器人绕着工具 TCP 做姿态调整的运动。重定位运动方式的特点是焊枪（或工件）姿态改变，而位置保持不变。

在实际操作中，机器人的运动方式由选择的运动模式和坐标系决定。

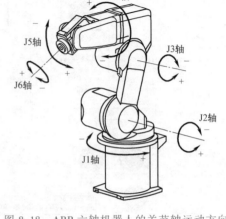

图 8-18　ABB 六轴机器人的关节轴运动方向

手动方式只有在按下使能键，并保持在"电动机开启"的状态（在示教器状态栏可以看到），才能对机器人进行运动操作。若出现意外情况，则本能松开使能键，机器人马上就会停止运动。

操作时，轻轻按住使能键，使机器人各轴上电，摇动摇杆使机器人的轴按不同方向移动。如果不按或者用力按下使能键，则机器人不能上电，摇杆不起作用，机器人不能移动。方向属性并不显示操作单元实际运动的方向，操作时以轻微的摇动来辨别实际操作单元的运动方向。操作杆倾斜或旋转角度与机器人的运动速度成正比。

为了安全起见，在手动模式下，机器人的移动速度应小于 250mm/s。操作者应面向机器人站立，机械手手动操作时的方向控制见表 8-3。

表 8-3　机械手手动操作时的方向控制

摇杆操作方向	机器人移动方向
操作方向为操作者的前后方向	沿 X 轴运动
操作方向为操作者的左右方向	沿 Y 轴运动
操作方向为操纵杆正反旋转方向	沿 Z 轴运动
操作方向为操纵杆倾斜方向	与摇杆倾斜方向相应的倾斜移动

8.5.3　单轴运动手动操作

工业机器人单轴运动手动操作的具体步骤如下：

第 1 步：接通电源，将机器人状态钥匙切换到中间的手动限速状态。

第 2 步：在状态栏确定机器人的状态已切换为手动状态。单击主菜单下拉菜单，再单击"手动操纵"，如图 8-19 所示。

第 3 步：单击"动作模式"，如图 8-20 所示。

图 8-19　单轴运动手动设置主菜单界面

第 4 步：选择"轴 1-3"，然后单击"确定"按钮，如图 8-21 所示。

图 8-20　单击"动作模式"

图 8-21　选择"轴 1-3"

第 5 步：用左手按下使能键，进入"电动机开启"状态，操作摇杆机器人的 1、2、3 轴就会动作，摇杆的操作幅度越大，机器人的动作速度越快。同样的方法，选择"轴 4-6"，操作摇杆机器人的 4、5、6 轴就会动作。其中操作杆方向栏的箭头和数字代表各个轴运动时的正方向。

8.5.4　线性运动手动操作

线性运动是指安装在机器人第六轴法兰盘上工具的 TCP 在空间中做线性运动。坐标线性运动时要指定坐标系，坐标系包括大地坐标系、基坐标系、工具坐标系、工件坐标系，坐标系指定了 TCP 点在哪个坐标系中运行。其中工具坐标指定了 TCP 点位置，工件坐标指定 TCP 点在哪个工件坐标系中运行。只有当坐标系选择了工件坐标系时，工件坐标才生效。

工业机器人线性运动手动操作的具体步骤如下：

第 1 步：单击 ABB 主菜单下拉菜单中的"手动操纵"，设置界面如图 8-22 所示。

第 2 步：单击"动作模式"，选择"线性"方式，然后单击"确定"按钮，如图 8-23 所示。

第 3 步：选择"大地坐标系"，如图 8-24 所示，电动机上电。

图 8-22　线性运动手动设置主菜单界面

图 8-23　选择"线性"方式

工业机器人技术

第4步：操作示教器上的操作杆，工具坐标 TCP 在空间做线性运动，操作杆方向栏中 X、Y、Z 的箭头方向代表各个坐标轴运动的正方向，如图 8-25 所示。

图 8-24　选择"大地坐标系"

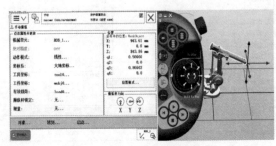

图 8-25　线性运动手动设置坐标轴正方向示意图

8.5.5　增量模式手动操作

增量模式手动操作的步骤如下：

第1步：单击 ABB 主菜单下拉菜单中的"手动操纵"，再单击"增量"，如图 8-26 所示。

第2步：机械手增量对应位移及角度的大小见表 8-4，根据需要选择增量模式的移动距离，如图 8-27 所示，然后单击"确定"按钮。

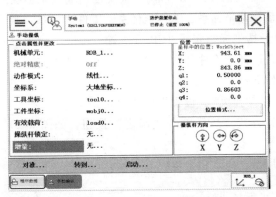

图 8-26　ABB 机器人编程器编辑界面

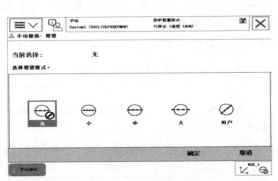

图 8-27　选择增量模式的移动距离

表 8-4　机械手增量对应位移及角度的大小

增量	移动距离/mm	角度/(°)
小	0.05	0.005
中	1	0.02
大	5	0.2
用户	自定义	自定义

8.5.6　重定位手动操作

重定位运动是指安装在机器人第六轴法兰盘上工具的 TCP 在空间中绕坐标轴旋转的运

动，也可以理解为机器人绕着工具 TCP 做姿态调整的运动。工业机器人复位运动手动操作的具体步骤如下：

第 1 步：单击 ABB 主菜单下拉菜单中的"手动操纵"，再单击"动作模式"，如图 8-28 所示。

第 2 步：选择"重定位"，单击"确定"按钮，如图 8-29 所示。

第 3 步：单击"坐标系"，如图 8-30 所示。

第 4 步：选取"工具坐标系"，单击"确定"按钮，如图 8-31 所示。

图 8-28　单击"动作模式"

图 8-29　选择"重定位"

图 8-30　单击"坐标系"

第 5 步：用左手按下使能键，进入"电动机开启"状态，在状态栏确定电动机已为开启状态，如图 8-32 所示。

图 8-31　选择"工具坐标系"

图 8-32　确定电动机已为开启状态

第 6 步：操作示教器上的操作杆，机器人绕着工具 TCP 做姿态调整的运动，操作杆方向栏中 X、Y、Z 的箭头方向代表各个坐标轴运动的正方向，如图 8-33 所示。

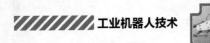

工业机器人技术

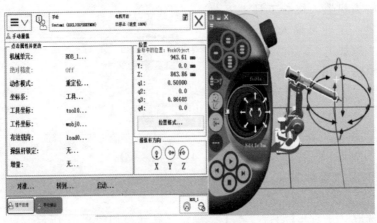

图 8-33　空间坐标中的调整方向

8.6　工业机器人编程的语言及常见指令

机器人再现过程的实现关键在于，在示教的过程中，机器人把工作单元的作业过程用机器人语言自动编写成程序。机器人语言是由一系列指令组成的，与计算机语言类似，机器人语言可以编译，即把机器人源程序转换成机器码或可供机器人控制器执行的目标代码，以便机器人控制拒能直接读取和执行。一般用户接触到的语言都是机器人公司自己开发的针对用户的语言平台，通俗易懂，在这一层次，每一个机器人公司都有自己的语法规则和语言形式，但是，不论变化多大，其关键特性都很相似。因此，只要掌握某一种机器人的示教方法，其他机器人的示教编程就很容易学会。

ABB 工业机器人存储器中的程序包含应用程序和系统模块两部分，如图 8-34 所示。存储器中只允许存在一个主程序，所有例行程序（子程序）与数据无论存在什么位置，全部被系统共享。因此，所有例行程序与数据除特殊规定以外，名称不能重复。

1. 应用程序（Program）的组成

应用程序由主模块和程序模块组成。主模块（Main module）包含主程序（Main routine）、程序数据（Program data）和例行程序（Routine）；程序模块（Program modules）包含程序数据（Program data）和例行程序（Routine）。

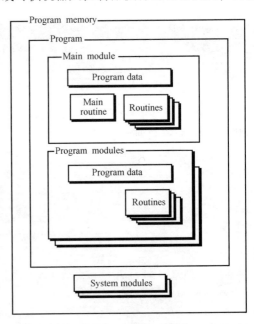

图 8-34　ABB 工业机器人存储器的组成

2. 系统模块（System modules）的组成

系统模块包含系统数据（System data）和例行程序（Routine）。所有 ABB 工业机器人都自带两个系统模块，即 USER 模块和 BASE 模块。使用时对系统自动生成的任何模块不能进行修改。

8.6.1 程序的新建与加载

一个程序的新建与加载步骤如下：

1）在主菜单下，选择程序编辑器。

2）选择任务与程序，单击文件。

3）若创建新程序，单击"新建"，然后打开软件盘对程序进行命名；若编辑已有程序，则选加载程序，显示文件搜索工具。

4）在搜索结果中选择需要的程序，单击"确定"按钮，程序被加载，如图8-35所示。为了给新程序腾出空间，可以先删除先前加载的程序。

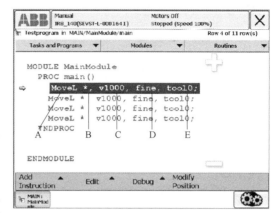

图8-35 ABB机器人编程器所加载的程序

A—直线运动指令名称 B—点位被隐藏的数值
C—可定义的运动速度 D—可定义的运动点
类型（精确点） E—有效工具

手动操作时的注意事项如下：

（1）调节运行速度 在开始运行程序前，为了保证操作人员和设备的安全，应将机器人的运动速度调整到75%。速度调节方法如下：

1）按快捷键。

2）按"速度模式"按钮，显示如图8-36所示的快捷速度调节按钮。

3）将速度调整为75%或50%。

4）按快捷菜单键关闭窗口。

（2）运行程序 运行刚刚打开的程序，先用手动低速，单步执行，再连续执行。运行时，从程序指针指向的程序语句开始，如图8-37所示。

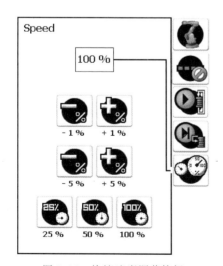

图8-36 快捷速度调节按钮

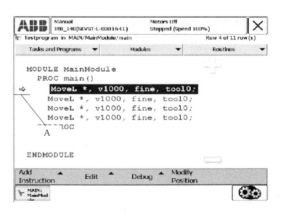

图8-37 程序运行时的程序指针

图8-37中"A"指示的即为程序指针。运行步骤如下：

1）将机器人切换至手动模式。

2）按住示教器上的使能键。

3）按单步向前或单步向后执行程序，执行完一句即停止。

8.6.2 自动运行程序

自动运行程序的步骤如下：

1）插入钥匙，将运行模式切换到自动模式，示教器上显示状态切换对话框，如图 8-38 所示。

2）单击"确定"按钮，关闭对话框，示教器上显示程序过程窗口，如图 8-39 所示。

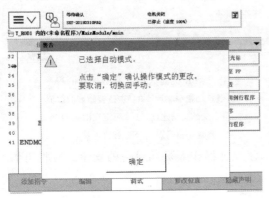

图 8-38　状态切换对话框

图 8-39　过程程序界面

3）按"电动机上电/失电"按钮激活电动机。

4）按"连续运行"按钮开始执行程序。

5）按停止键停止执行程序。

6）插入钥匙，将运行模式返回手动状态。

8.6.3 运动指令

运动指令是机器人示教时最常用的指令，它实现以指定速度、特定路线模式等将工具从一个位置移动到另一个指定位置。例如，ABB 工业机器人常用基本运动指令有：MoveL、MoveJ、MoveC；而华中数控机器人的运动类型分别用"J""L""C"来表示，与 FANUC 机器人运动类型的表示方法相同；对于相同的运动类型，其他公司机器人的表示会有所不同，但其所表示的意义却相同。

在使用运动指令时需指定以下几项内容。

1. 动作类型

动作类型是指定采用什么运动方式来控制到达指定位置的运动路径。

2. 位置数据

位置数据是指定运动的目标位置。

3. 进给速度

进给速度是指定机器人运动的进给速度。

4. 定位路径

定位路径是指定相邻轨迹的过渡形式，具有以下两种形式：

（1）FINE　相当于准确停止。当指定 FINE 定位路径时，机器人在向下一个目标点驱动前，停止在当前目标点上。

（2）CNT 相当于圆弧过渡，CNT 后的数值为过渡误差，该数值的取值范围为 0~100。CNT0 等价于 FINE，当指定 CNT 定位路径时，机器人逼近一个目标点，但是不停留在这个目标点上，而是向下一个目标点移动，其取值为逼近误差。

5. 附加运动指令

附加运动指令是指定机器人在运动过程中的附加执行指令。

在程序示教的过程中，使用菜单树中的"运动指令"即可添加标准的运动指令。

8.6.4 I/O 指令

I/O 指令用于改变向外围设备的输出信号，或读取输入信号的状态。

ABB 工业机器人的 I/O 指令有以下五种：

1）数字信号置位指令 Set：将数字输出置为"1"。

2）数字信号复位指令 Reset：将数字输出置为"0"。

3）数字输入信号判断指令 WaitDI：判断数字输入信号的值是否与目标一致。

4）数字输出信号判断指令 WaitDO：判断数字输出信号的值是否与目标一致。

5）信号判断指令 WaitUntil：用于布尔量和 I/O 信号值的判断，如果条件达到指令中的设定值，程序继续往下执行，否则一直等待，除非设置了最大等待时间。

8.6.5 条件逻辑判断指令

条件逻辑判断指令有以下三种：

（1）IF 条件判断指令 根据不同条件执行不同指令。支持的比较运算符有 >、>=、=、<=、<、<>，还可以使用逻辑"与"（AND）和逻辑"或"（OR）指令对这些条件语句进行运算。

（2）For 重复执行判断指令 用于一个或多个指令需要重复执行数次的情况。

（3）WHILE 条件判断指令 用于在满足给定条件的情况下，一直重复执行对应的指令。

8.7 创建例行程序

使用 ABB 机器人编程器创建程序，如图 8-40 所示。

具体操作步骤：

1）在 ABB 主菜单中，单击"程序编辑器"。

2）单击"例行程序"。

3）单击"文件"，新例行程序将创建并显示默认声明值。

4）单击菜单中名称后的"ABC …"项，确定程序类型。

5）选择例行程序类型，三个类型中选择一种即可，其中：

图 8-40 手持编程器所创建的程序界面

182

· 过程：用于无返回值的正常例行程序。

· 函数：用于含返回值的正常例行程序。

· 陷阱：用于中断的例行程序。

6）选择是否需要使用任何参数？

如果"是"，请单击"定义参数"项目；如果"否"，请继续下一步骤。

7）选择要添加例行程序的模块。

8）如果例行程序是本地的，则单击复选框"本地声明"，再添加新参数，其中本地例行程序仅用于选定的模块中。

9）最后单击"确定"。

8.8 定义例行程序中的参数

定义例行程序中的参数步骤如下：

1）在例行程序声明中，单击"…"返回例行程序声明。

一个已定义参数的列表将显示，如图8-41所示。

2）如果无参数显示，则单击"添加"添加新参数，如图8-42所示。

① 单击"添加可选参数"，可添加可选的参数。

② 单击"添加可选共用参数"，可添加一个与其他参数共用的可选参数。

3）使用软键盘输入新参数名，然后单击"确定"按钮。新参数显示在列表中，如图8-43所示。

图 8-41　在程序声明中定义参数

图 8-42　在程序声明中添加参数

图 8-43　新参数列表

4）单击选择一个参数。若要编辑数值，则单击数值。

5）单击"确定"按钮返回例行程序声明。

8.9　指令添加

指令添加的操作步骤如下：

1）在 ABB 主菜单中，单击"程序编辑器"。

2）在界面中单击您要添加新指令的指令，使其突出显示，如图 8-44 所示。

3）单击界面下部的"添加指令"，并移至选项"上一个/下一个"类别。指令类别将显示。

4）可以单击菜单项"Common/常用"，也可以单击指令添加界面中指令列表底部的"上一个/下一个"选项，逐个选择需添加的指令。

5）单击需要添加的指令，指令被添加到代码中。

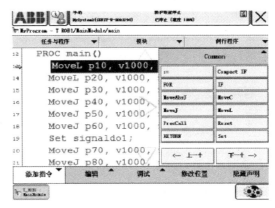

图 8-44　ABB 机器人编程器指令添加界面

8.10　编辑指令变量

编辑指令变量的操作步骤如下：

1）单击要编辑的指令，如图 8-45 所示。

2）单击编辑界面中下部的"编辑"按钮，如图 8-46 所示。

图 8-45　ABB 机器人编程器指令编辑界面

图 8-46　指令编程的编辑菜单项

3）单击"更改选择内容…"。指令中的变元具有不同的数据类型，具体取决于指令类型。更改变元可使用软键盘更改字符串值，或继续处理其他数据类型，如图 8-47 所示。

4）单击要更改的变量，如图 8-48 所示。

5）单击一个现有数据实例，然后单击"确定"按钮完成，也可单击表达式。

图 8-47　指令编程的变元更改

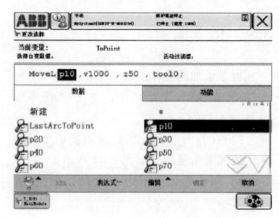

图 8-48　指令编程的变量更改

8.11　弧焊编程

当一个工件上分布有几条焊缝时，焊接顺序将直接影响焊接质量。此外各条焊缝的焊接参数也不相同，因此逻辑上，将每条焊缝的焊接过程分别封装为独立的子程序，在路径规划子程序的支持下，可按工艺施工情况在主程序中以任何次序调用。如果更换或增添夹具，同样可以编写独立的子程序，分配独立的焊接参数，独立进行工艺实验，最后通过修改人机接口、路径规划子程序、主程序及其他辅助程序，使新编的子程序能集成到原有程序中。

弧焊接续令的基本功能与普通运动指令 Move 一样，要实现运动与定位，如图 8-49 所示，但弧焊指令增加了弧焊的参数，包括 seam 焊缝数据、weld 焊接数据和 weave 焊弧数据。

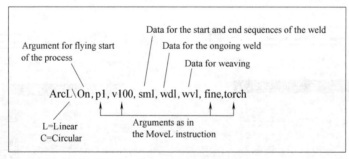

图 8-49　ABB 机器人的弧焊指令

1. 定义焊接参数

在编写焊接指令之前，要先设定一些相关的焊接参数，如图 8-49 所示。这些参数分为三种：

1）焊缝参数：定义焊缝是怎样开始和结束的。

2）焊接参数：定义实际的焊接模式。

3）焊弧参数：定义每个焊弧的形式。

ArcL（ArcC）为焊接指令关键字，类似 MoveL（MoveC）。

\ On 为可选参数，令焊接系统在该语句的目标点到达之前，按照 seam 参数的定义，预先启动保护气体,同时将焊接参数送至焊机。

p1 为目标点的位置,同 Move 指令。

v100 为单步运行时 TCP 的速度,在焊接过程中为 Weld_speed 所取代。

sm1 为弧焊参数,定义了起弧和收弧的焊接参数,包括 Purge_time 预充气时间和 Preflow_time 预吹气时间。

wd1 为弧焊参数,有 Weld_speed 定义了焊接速度、Weld_voltage 定义了焊接电压、Weld_wirefeed 定义了焊接时的送丝速度。

Wv1 为定义了焊缝的摆焊动作参数,Weave_shape:0 表示无摆动、1 表示平面锯齿形摆动、2 表示空间 V 字形摆动、3 表示空间三角形摆动;Weave_type:0 表示所有轴参与摆动、1 表示仅手腕参与摆动;Weave_width:摆动一个周期的宽度;Weave_height:摆动一个周期的高度。

fine 同 Move 指令。

Torch 同 Move 指令,TCP 参数。

速度参数 v100 只有在单步运行时才起作用,此时焊接过程将被自动阻止。而在一般的执行过程中,对于不同的形式,速度的控制是通过"焊缝"和"焊接数据"来完成的。

2. 编辑焊接指令

1)将机器人移到目标点。

2)调用焊接指令"ArcL"或"ArcC"。

3)指令将自动加到程序窗口中,如图 8-50 所示。

3. 焊接程序的示范案例

示教一个如图 8-51 所示的焊接程序。

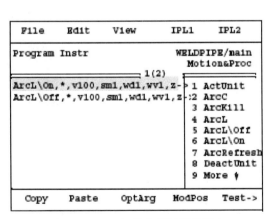

图 8-50 ABB 机器人调用焊接指令

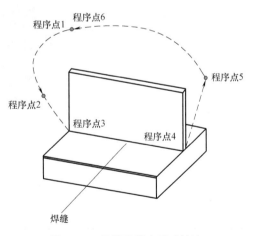

图 8-51 弧焊机器人运动轨迹

在图 8-51 中共有 6 个程序点,每个程序点的含义见表 8-5。

表 8-5 程序点的含义

程序点	含义	程序点	含义	程序点	含义
程序点 1	作业原点	程序点 3	作业开始点(起弧点)	程序点 5	作业规避点
程序点 2	作业临近点	程序点 4	作业结束点(收弧点)	程序点 6	作业原点

（1）示教前的准备

1）工业机器人示教前对系统的准备工作。工业机器人示教前对系统的准备工作包括：接通机器人主电源→等待系统完成初始化后→打开急停键→选择示教模式并设置合适的坐标系与手动操作速度→准备工作做好后→ 建一个程序→录入程序点并插入机器人指令进行示教。

① 设置坐标系。工业机器人常见的坐标系有基坐标系、关节坐标系、工具坐标系和工件坐标系。根据作业对象，通过变换这四种坐标系，以使机器人以最佳的位置和姿态实施作业。

② 进入手动操作界面，如图 8-52 所示。摇杆的操作幅度越大，机器人的动作速度越快。初次示教时，示教速度应尽可能低一些，速度太高有可能带来危险。

2）工业机器人作业前对工件的处理。

① 工件表面清理。使用焊件清理专用工具，将其上的铁锈、油污及其他杂质清理干净。

② 工件的装夹。利用专用夹具将工件固定在机器人工作台上。

③ 安全确认。确认机器人与操作者、机器人与周围环境保持安全距离。

（2）新建示教程序　示教程序是用机器人语言描述机器人工作单元的作业内容，由一系列示教数据和机器人指令所组成的语句。在主菜单下，选择程序编辑器，选择任务与程序，单击文件，再单击新建，创建一个空白程序，新建程序后的示教窗口如图 8-53所示。

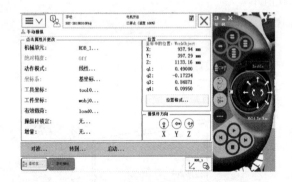

图 8-52　手动操作界面

图 8-53　新建程序后的示教窗口

（3）程序点（作业轨迹）的输入　具体示教方法见表 8-6。

表 8-6　具体示教方法

(1)作业原点 （程序点1）	1）手动示教到作业原点 2）单击添加指令，添加 MoveJ 指令 3）修改作业原点名称为 pHome，选择速度为 300mm/s，修改为 fine，工具坐标使用新建的 Weldgun 坐标
(2)作业临近点 （程序点2）	1）手动示教到作业临近点 2）单击添加指令，添加 MoveJ 指令 3）修改作业原点名称为 start，选择速度为 300mm/s，修改为 fine，工具坐标使用新建的 Weldgun 坐标

（续）

（3）起弧点 （程序点 3）	1）手动示教到起弧点 2）单击添加指令，添加 ArcLStart 指令 3）修改作业原点名称为 pAW_10，选择速度为自定义速度 vWeldspeed，选择焊接参数为 weld1，起弧收弧参数为 seam1，修改为 fine，工具坐标使用新建的 Weldgun 坐标
（4）收弧点 （程序点 4）	1）手动示教到收弧点 2）单击添加指令，添加 ArcLEnd 指令 3）修改作业原点名称为 pAW_20，选择速度为自定义速度 vWeldspeed，选择焊接参数为 weld1，起弧收弧参数为 seam1，修改为 fine，工具坐标使用新建的 Weldgun 坐标
（5）作业规避点 （程序点 5）	1）手动示教到作业规避点 2）单击添加指令，添加 MoveJ 指令 3）修改作业原点名称为 pEnd，选择速度为 300mm/s，修改为 fine，工具坐标使用新建的 Weldgun 坐标
（6）作业原点 （程序点 6）	1）手动示教到作业原点 2）单击添加指令，添加 MoveJ 指令 3）修改作业原点名称为 pHome，选择速度为 300mm/s，修改为 fine，工具坐标使用新建的 Weldgun 坐标

（4）设定作业条件及作业顺序 本案例中，焊接作业条件主要涉及以下三个方面。

1）在程序点 3 的位置设定起弧命令（如起弧电流和电压、焊接速度等），以及焊接开始的动作顺序。

2）在程序点 4 的位置设定收弧命令（如收弧电流和电压、收弧时间等），以及焊接结束的动作顺序。

3）在编辑模式下，可设定合理的焊接参数（如焊接电流、电压等），并手动调节保护气体流量。

输入作业轨迹、作业条件和作业顺序后，最终生成的程序如下：

```
MoveJ pHome, v300, fine, Weldgun;
MoveJ start, v300, fine, Weldgun;
ArcLStart pAW_ 10, vWeldspeed, seam1, weld1, fine, Weldgun;
ArcLEnd pAW_ 20, vWeldspeed, seam1, weld1, fine, Weldgun;
MoveJ pEnd, v300, fine, Weldgun;
MoveJ pHome, v300, fine, Weldgun;
```

（5）运行确认（跟踪） 在完成整个示教过程后，进入程序运行界面，对该过程进行"再现"测试，以便检查各程序点及其参数设定是否正确。一般机器人常采用的跟踪方式有单步运行和连续运行。

1）单步运行。如图 8-54 所示，单击"调试"，选择"PP 移至 Main"，左手按下电动机使能键，右手按下单步运行按钮。系统执行完一行（光标所在行）程序后停止。

2）连续运行。若为连续运行，则系统会连续运行完整的程序。

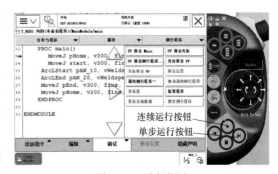

图 8-54 进行调试

有些机器人系统还会设置单周/循环模式，选择单周运行模式，系统会在运行完当前程序后停止；若选择循环运行模式，则系统运行完程序后，会再次从程序首行重新运行。

（6）执行作业程序　程序经检查无误后，如需执行作业程序，可参照8.6.2小节（自动运行程序）的步骤，以自动模式运行。

至此，图8-51所示的焊接作业示教再现过程全部完成。

习　　题

1. 什么是示教再现？
2. 什么是离线编程？
3. 什么是工具坐标系？
4. 什么是工件坐标系？
5. 工业机器人示教的内容有哪些？
6. 简要介绍示教编程的优缺点。
7. 简要介绍离线编程的优缺点。
8. ABB机器人系统采用的IRC5系统包括哪些组成部分？

参 考 文 献

[1] 韩建海. 工业机器人 [M]. 3 版. 武汉：华中科技大学出版社，2015.

[2] 李云江. 机器人概论 [M]. 北京：机械工业出版社，2011.

[3] 刘小波. 工业机器人技术基础 [M]. 北京：机械工业出版社，2017.

[4] 郭洪红. 工业机器人技术 [M]. 3 版. 西安：西安电子科技大学出版社，2016.

[5] 吴振彪，王正家. 工业机器人 [M]. 2 版. 武汉：华中科技大学出版社，2006.

[6] 王田苗，陶永. 我国工业机器人技术现状与产业化发展战略 [J]. 机械工程学报，2014，50（9）：1-13.

[7] 王振力，孙平，刘洋. 工业控制网络 [M]. 北京：人民邮电出版社，2012.

[8] 宋伟刚，柳洪义. 机器人技术基础 [M]. 2 版. 北京：冶金工业出版社，2015.

[9] 王建文. 仿人机器人运动学和动力学分析 [D]. 长沙：国防科技大学，2003.

[10] 魏航信，刘明治，赵丽琴. 仿人机器人跑步运动的仿真 [J]. 系统仿真学报，2007，19（2）：396-399.

[11] 周乐天，姜文刚. 工业机器人运动目标轨迹规划仿真研究 [J]. 计算机仿真，2017，34（5）：331-336.

[12] 刘好明. 6R 关节型机器人轨迹规划算法研究及仿真 [D]. 淄博：山东理工大学，2008.

[13] 殷际英，何广平. 关节型机器人 [M]. 北京：化学工业出版社，工业装备与信息工程出版中心，2003.

[14] 朱世强，王宣银. 机器人技术及其应用 [M]. 杭州：浙江大学出版社，2001.

[15] 刘松国. 六自由度串联机器人运动优化与轨迹跟踪控制研究 [D]. 杭州：浙江大学，2009.

[16] JORGE ANGELES. 机器人机械系统原理：理论、方法和算法 [M]. 北京：机械工业出版社，2004.

[17] 张红强. 工业机器人时间最优轨迹规划 [D]. 长沙：湖南大学，2004.

[18] 窦建武，余跃庆. 两柔性机器人协调操作的动力学模型及其逆动力学分析 [J]. 机器人，2000，22（1）：39-47.

[19] 刘金琨. 机器人控制系统的设计与 MATLAB 仿真 [M]. 北京：清华大学出版社，2008.

[20] 胡寿松. 自动控制原理 [M]. 4 版. 北京：科学出版社，2005.

[21] 李欣. 工业机器人体系结构及其在焊接切割机器人中的应用研究 [D]. 哈尔滨：哈尔滨工程大学，2008.

[22] 魏英智，丁红伟，张琳，等. 数字 PID 控制算法在温控系统中的应用 [J]. 现代电子技术，2010，33（17）：157-159.

[23] KARL J ASTROM，BJORN WITTENMARK. 计算机控制系统——原理与设计 [M]. 周兆英，林喜荣，刘中仁，等译. 3 版. 北京：电子工业出版社，2001.

[24] 梁娟，赵开新，陈伟. 自适应神经模糊推理结合 PID 控制的并联机器人控制方法 [J]. 计算机应用研究，2016，33（12）：3586-3590.

[25] 李周相，宋贞坤，金祺万，等. 机器人控制系统及机器人控制方法：200510078038.1 [P]. 2006.

[26] 吴宏，蒋仕龙，龚小云，等. 运动控制器的现状与发展 [J]. 制造技术与机床，2004（1）：24-27.

[27] 王天然，曲道奎. 工业机器人控制系统的开放体系结构 [J]. 机器人，2002，24（3）：256-261.

[28] 孙迪生，王炎. 机器人控制技术 [M]. 北京：机械工业出版社，1997.

[29] 霍伟. 机器人动力学与控制 [M]. 北京：高等教育出版社，2005.

[30] 叶伯生. 工业机器人操作与编程 [M]. 武汉：华中科技大学出版社，2016.

[31] 郝巧梅，刘怀兰. 工业机器人技术 [M]. 北京：电子工业出版社，2016.